高等学校计算机课程规划教材

软件测试管理

——基于TestDirector应用

裴军霞 王顶 李晓鹏 编著

清华大学出版社

北京

内 容 简 介

本教材主要结合主流的测试管理工具 TestDirector 8.0 及测试流程管理全面开展讲解，并贯穿项目实例和同步训练来进一步巩固知识点。本教程主要内容包括软件测试流程介绍、TestDirector 安装部署、TestDirector 站点管理、TestDirector 项目自定义管理、TestDirector 测试过程管理、TestDirector 常用扩展功能内容、测试管理项目实战等内容，使读者通过学习能够体会如何通过 TestDirector 来管理项目的测试过程，从而能更好理解测试管理工具的真正含义。

本书内容全面、层次清晰、难易适中，所采用的工具和项目同企业实际情况紧密结合，并且本书讲练结合，使读者更好地理解和掌握各款工具的使用，在实际工作中能够灵活有效地开展自动化测试。

本书可作为高等学校、示范性软件学院、高职高专院校的计算机相关课程和软件工程专业的教材，也可作为各大软件培训机构的培训教程，同时也可供从事软件开发及测试工作的人员，以及对软件测试有兴趣的读者参考与学习。

图书在版编目（CIP）数据

软件测试管理：基于 TestDirector 应用/裴军霞等编著. —北京：清华大学出版社，2012.3
（高等学校计算机课程规划教材）
ISBN 978-7-302-27409-4

Ⅰ. ①软…　Ⅱ. ①裴…　Ⅲ. ①软件工具－测试－高等学校－教材　Ⅳ. ①TP311.56

中国版本图书馆 CIP 数据核字（2011）第 244937 号

责任编辑：汪汉友
封面设计：傅瑞学
责任校对：李建庄
责任印制：何　芊

出版发行：清华大学出版社
　　　　　网　　　址：http://www.tup.com.cn，http://www.wqbook.com
　　　　　地　　　址：北京清华大学学研大厦 A 座　　　　　　　邮　　编：100084
　　　　　社 总 机：010-62770175　　　　　　　　　　　　　　邮　　购：010-62786544
　　　　　投稿与读者服务：010-62776969，c-service@tup.tsinghua.edu.cn
　　　　　质量反馈：010-62772015，zhiliang@tup.tsinghua.edu.cn
　　　　　课件下载：http://www.tup.com.cn，010-62795954
印 刷 者：北京富博印刷有限公司
装 订 者：北京市密云县京文制本装订厂
经　　销：全国新华书店
开　　本：185mm×260mm　　　　　印　张：14.75　　　　　字　数：371 千字
版　　次：2012 年 3 月第 1 版　　　　印　次：2012 年 3 月第 1 次印刷
印　　数：1～3000
定　　价：26.00 元

产品编号：042222-01

出 版 说 明

信息时代早已显现其诱人魅力,当前几乎每个人随身都携有多个媒体、信息和通信设备,享受其带来的快乐和便宜。

我国高等教育早已进入大众化教育时代,而且计算机技术发展很快,知识更新速度也在快速增长,社会对计算机专业学生的专业能力要求也在不断翻新,这就使得我国目前的计算机教育面临严峻挑战。我们必须更新教育观念——弱化知识培养目的,强化对学生兴趣的培养,加强培养学生理论学习、快速学习的能力,强调培养学生的实践能力、动手能力、研究能力和创新能力。

教育观念的更新,必然伴随教材的更新。一流的计算机人才需要一流的名师指导,而一流的名师需要精品教材的辅助,而精品教材也将有助于催生更多一流名师。名师们在长期的一线教学改革实践中,总结出了一整套面向学生的独特的教法、经验、教学内容等。本套丛书的目的就是推广他们的经验,并促使广大教育工作者更新教育观念。

在教育部相关教学指导委员会专家的帮助和指导下,在各大学计算机院系领导的协助下,清华大学出版社规划并出版了本系列教材,以满足计算机课程群建设和课程教学的需要,并将各重点大学的优势专业学科的教育优势充分发挥出来。

本系列教材行文注重趣味性,立足课程改革和教材创新,广纳全国高校计算机优秀一线专业名师参与,从中精选出佳作予以出版。

本系列教材具有以下特点。

1. 有的放矢

针对计算机专业学生并站在计算机课程群建设、技术市场需求、创新人才培养的高度,规划相关课程群内各门课程的教学关系,以达到教学内容互相衔接、补充、相互贯穿和相互促进的目的。各门课程功能定位明确,并去掉课程中相互重复的部分,使学生既能够掌握这些课程的实质部分,又能节约一些课时,为开设社会需求的新技术课程准备条件。

2. 内容趣味性强

按照教学需求组织教学材料,注重教学内容的趣味性,在培养学习观念、学习兴趣的同时,注重创新教育,加强"创新思维"与"创新能力"的培养、训练;强调实践,案例选题注重实际和兴趣度,大部分课程各模块的内容分为基本、加深和拓宽内容3个层次。

3. 名师精品多

广罗名师参与,对于名师精品,予以重点扶持,教辅、教参、教案、PPT、实验大纲和实验指导等配套齐全,资源丰富。同一门课程,不同名师分出多个版本,方便选用。

4. 一线教师亲力

专家咨询指导,一线教师亲力;内容组织以教学需求为线索;注重理论知识学习,注重学习能力培养,强调案例分析,注重工程技术能力锻炼。

经济要发展,国力要增强,教育必须先行。教育要靠教师和教材,因此建立一支高水平的教材编写队伍是社会发展的关键,特希望有志于教材建设的教师能够加入到本团队。通过本系列教材的辐射,培养一批热心为读者奉献的编写教师团队。

清华大学出版社

序

软件产业发展已逾 30 年,至今逐步渗透到各个领域,成为越来越不可或缺的技术成分。回想当年,开发软件时唯一能够参考的指南,只有一本用户手册。当时的测试流程纯粹是为测试而测试,只要确保程序能够正常运行,全然没有面向国际市场开发相应版本的概念。

而如今,随着硬件和软件语言不断演进,各种开发方法五花八门,无论是哪种技术、哪种语言、哪种部署方案,无论是什么样的时间表,无论组织的整体技术水平如何,都能对一般软件产品开发应对自如。企业可以有效规划新产品开发成什么样、推介到何种程度,并面向各目标市场对产品进行优化。

然而,即便软件开发取得了如此长足的进展,因软件中的各种缺陷带来的经济成本也仍然居高不下。仅仅在美国市场,每年就有数百亿美元之巨。软件向国际市场推出后,其代码经过各个本地化阶段的再处理,最终的缺陷往往比原始版本更多。据估计,在生产过程中发现并修复一个缺陷的平均成本是 15000 美元,这就进一步压缩了原本就很微薄的利润空间。若是开发的软件要用于多个国家或地区的大量消费设备,所耗成本就会更高,利润空间也就更加有限。

在今天面临的挑战中,如何以国际化销售为目标,在一个国家开发出好的软件? 如何在设计、开发和测试软件时,既有效简化产品的"国际化"流程,又确保必要的利润空间? 这不仅是摆在国内软件行业面前的症结,同时也是高校应积极面对研究解决的问题。

河北师范大学软件学院从 2007 年成立伊始,就致力于如何培养区域高等教育人才去适应和促进地方经济社会的全面发展。作为省属综合性大学,新形势下如何进一步更新教育观念,深化教学改革,全面提升教育教学质量,推动行业研究,服务于社会经济发展,是当前的重点工作之一。其中,教材建设与管理是提高教学质量,体现教学内容和教学方法的知识载体,同时也是推进行业研究发展的重要一环。

本书是河北师范大学软件学院测试教研室教师在多年软件工程技术工作中,其工作团队多年合作积累的经验与方法的集萃,其中一些观点与见解已经成为该学院软件测试的基本工作准则,对软件研发领域有着自己的特点。本书通过实例全面描述了软件测试的整个过程,覆盖了测试管理的各个重要方面。对测试管理的各个层次和环节做了系统的介绍,包括测试策略制定、风险控制、缺陷跟踪和分析、测试管理系统的应用等,并且进一步对如何执行本地化测试和国际化测试进行了阐述。作者重点聚焦在实践性,从软件测试项目启动、测试计划开始、深入到测试用例设计、测试工具选择、脚本开发、到功能测试和系统测试等各个步骤做了详细阐述。

高质量的教材是在教学过程中逐渐形成的,甚至是由教师的教案整理而成的,不少教案往往是教材最为原始的版本。因此,应用型学科的教材建设,就需要与课程建设及教师队伍建设结合起来。就此而言,河北师范大学软件学院作为河北省教学改革重点单位,此套教材的出版和与之相关的教学实践有着一定的示范意义。另外,在探索高效软件测试的过程中,该书覆盖了全面的理论分析和详细的实战阐述,对从事软件测试和软件工程管理的人员,以及高校软件工程相关专业的师生,都具有一定的参考价值。希望书中的一些真知灼见对广大读者有所裨益。

蒋春澜

2011 年 5 月 30 日于河北师范大学

前　言

伴随着软件行业发展,测试在整个软件开发生命周期中占的比重越来越高。据调查统计,智联招聘 2011 年 1 月份软件测试工程师的需求量有 3000 余人,足以看出软件测试在目前市场上的需求量很大,但在软件测试行业从业人员中,测试技术扎实,符合企业要求的自动化测试工程师却非常匮乏,因此自动化测试工程师也越来越受到企业的青睐与重视。

目前市场上关于自动化测试方面的书籍很少,其中能够专业化、系统化,并且与实践相结合,深入浅出来剖析的书籍就更是凤毛麟角,这也是造成目前软件自动化测试人才培养困难的一个原因。同时,目前面向高校发行的自动化测试书籍不仅数量少,而且重理论轻实践,与市场结合不够紧密,这就在某种程度上加大了读者从业余水平步入专业化的难度。

"河北师范大学软件学院软件测试教研室"由工作在一线的具备多年测试及管理工作经验的专业测试工程师组成,基于市场的现状,着眼于高等院校的需求,经过长期软件测试项目实践及实际教学不断积累,多次讨论、精心设计、修改后,形成了一套成熟可行的软件测试课程体系,从中提取精华形成了自动化测试工具的系列教材。其目的在于:

(1) 为顺应高等教育普及化迅速发展的趋势,配合高等院校的教学改革和教材建设,更好地协助河北师范大学向应用型、就业型院校发展。

(2) 协助河北师范大学软件学院建设更加完善的 IT 人才培养机制,建立完整的软件测试课程体系及测试人才培训方案,进一步培育出符合当前测试企业需要的自动化测试人才。

(3) 使学生更加高效、快捷、有针对性的学习自动化测试技术,并通过理论与实践的结合进一步锻炼学生的动手实践能力,为跨入自动化测试领域打下坚实基础。

(4) 为企业测试人员提供自动化测试技术学习的有效途径,同样理论和实践的有效结合,能使各位测试人员更加真实、快捷地体验自动化测试的开展。

本教材主要结合主流的测试管理工具 TestDirector 8.0 及测试流程管理全面开展讲解,并贯穿项目实例和同步训练来进一步巩固知识点。本教材主要内容包括软件测试流程介绍、TestDirector 安装部署、TestDirector 站点管理、TestDirector 项目自定义管理、TestDirector 测试过程管理、TestDirecfor 常用扩展功能内容、测试管理项目实战等内容,使读者通过学习能够体会如何通过 TestDirector 来管理项目的测试过程,从而能更好理解测试管理工具的真正含义。其内容全面、层次清晰、难易适中,所采用的工具和项目同企业实际情况紧密结合,并且本书讲练结合,使读者更好地理解和掌握该工具的使用,在实际工作中能够灵活有效地开展测试管理。

本教材的撰写得到了多方面的支持、关心与帮助,在此深表感谢。首先,要感谢河北师范大学校长蒋春澜教授,他在软件学院教学改革上的主张及所付出的心血使软件学院凝聚了一批来自于企业的优秀工程师及师大的优秀教师,使软件学院在教材建设、实习实训、学生就业等方面取得了一系列的成果。其次要感谢软件学院的测试方向的全体学生,他们试用、试读了本系列教材，提出了不少宝贵建议。还要感谢软件学院的全体职工，没有他们的配合，此书是无法完成的。

本教材还提供了教学 PPT、教材随书脚本文件、教学视频文件、教学实验手册等，有需要的读者可通过邮箱 *peijunxia@edu2act.org* 进行联系！

本系列丛书可作为高等学校、示范性软件学院、高职高专院校的计算机相关课程和软件工程专业的教材，也可作为各大软件培训机构的培训教程，同时也可供从事软件开发及测试工作的人员，以及对软件测试有兴趣的读者参考与学习。

编　者

2012 年 1 月

目　　录

第1章　测试流程介绍

随着信息技术的不断发展及软件行业的进步,目前的软件规模越来越大,复杂度越来越高,同时软件中不可避免的隐藏了一些错误和缺陷。为了减少软件中的错误,就需要对软件进行有效测试,提高软件的质量。为了进行有效的测试,需要制定合理的测试流程,从而提高软件测试效率,进而有效提高软件质量,本章主要介绍软件测试流程的几个基本阶段。

本章讲解的主要内容如下:

(1) 软件测试流程;

(2) 测试计划;

(3) 测试设计;

(4) 测试开发;

(5) 实施测试;

(6) 测试评估;

(7) 常用测试管理工具。

1.1　软件测试流程

经过数年的发展,软件测试已形成了较成熟的测试流程。不同书籍中对于软件测试流程阶段划分由于划分粒度的不同,得出的测试流程稍有不同,那么在进行软件测试时,需制定符合公司实际需要的合理的软件测试流程。

在此,结合图 1-1 所示的测试流程来说明其各阶段的划分,以让读者对于测试流程有个整体的认识。

如图 1-1 所示软件测试流程中包含了多个类型的测试活动:制定测试计划、测试设计、测试开发、执行用例、提交缺陷、评估测试等。下面分别介绍各阶段的主要工作。

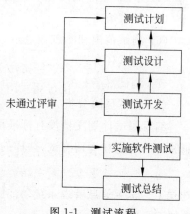

图 1-1　测试流程

(1) 测试计划阶段。该阶段处于测试的先期准备工作阶段,主要用于对即将进行的测试工作做整体计划安排。该阶段形成的成果即测试计划,其中包括测试目的、测试策略、测试任务、测试时间等,此外还要在文档中说明测试提交的文档有哪些,文档被评审的时间。

(2) 测试设计阶段。该阶段主要是参照各种相关文档对测试进行设计的工作,包括测试需求的分析和测试用例的设计,此阶段的工作可一直持续到软件测试结束。

(3) 测试开发阶段。该阶段主要是按照设计的测试需求分析与测试用例设计的方案要求实施的过程。该过程包括测试用例数据的准备,测试工具的配置、测试脚本的开发录制与维护等工作,此阶段的工作可一直持续到软件测试结束。

（4）实施软件测试阶段。该阶段主要是设计和开发阶段的测试用例和数据执行的过程，即执行用例、提交缺陷的过程。

（5）测试总结阶段。该阶段是在测试结束后对整个测试过程与产品进行评估总结的过程，如果评审通过则可以进行版本的发布。

1.2　测试计划阶段

测试计划阶段主要用于对后期测试工作做整体计划和安排，通过该阶段需要完成测试计划文档。

测试计划在测试流程中举足轻重，它具备如下作用及特点。其一，测试计划是对项目进行有效研究分析后制定的，对后期的测试起到指导作用；其二，测试计划是在软件测试工作正式付诸实施之前明确测试对象，并且通过对资源、时间、风险的综合分析，以确保有效实施软件测试；其三，测试计划处于中心位置，它描述了测试需要准备的工作以及执行测试的必备条件，对于提高软件测试质量起到关键作用。

基于上述作用及特点，测试计划必须尽早制定，一般在软件需求确定后，即可开始测试计划的编写，测试计划完成后即可实施。测试计划实施的过程中，一方面需要按照测试计划执行，另一方面如果发现计划中的内容不切实际，需要对测试计划进行修改。

一份测试计划通常主要包含以下内容：

（1）测试项目说明；

（2）测试目标、常用术语、参考文档、交付文档；

（3）测试环境、资源和进度；

（4）中断、重新启用标准和通过准则；

（5）测试策略；

（6）测试范围和测试重点；

（7）测试任务；

（8）测试准备；

（9）测试风险分析。

编写测试计划文档没有标准可依，测试计划文档应该根据项目的实际需求来调整，只要能够帮助组织和管理测试，这样的文档就是一份好的测试计划文档。

1.3　测试设计阶段

测试设计阶段主要由测试设计人员依据软件开发过程中的相关文档（如需求规格说明书、设计文档等）来进行测试需求的提取、测试用例的设计。在此，对于测试用例进行简要介绍。

1.3.1　测试用例定义

测试用例是为了实施测试时向被测系统提供的输入数据、操作步骤和各种环境设置以及期望结果等的一个特定集合。测试用例来源于测试需求,是对测试需求的一个细化。

1.3.2　测试用例模板

测试用例模板并没有非常严格的标准,各公司所采用的测试用例模板可能不尽相同。但是值得肯定的是,测试用例的核心内容肯定是一样的。在此,依据如表 1-1 所示的一个较典型的测试用例模板来讲解用例模板的主要内容。

表 1-1　测试用例模板

项目/软件		记事本		程序版本		V 1.0	
功能名称		保存功能					
测试目的		查看记事本能否保存文件					
预置条件							
用例编号	相关用例	目　的		操 作 步 骤		期望结果	执行结果
001		记事本能否保存文字		(1) 选择"开始"|"程序"|"附件"|"记事本"菜单命令,打开记事本 (2) 输入"联通"二字后,选择"文件"|"保存"后退出(文件名、保存位置任意) (3) 打开刚保存的文件		打开的记事本文件中显示"联通"二字	

此模板只是众多测试用例模板中的一种,并不是测试用例的标准。读者应根据公司的实际情况来制定合理的测试用例模板。

1.4　测试开发阶段

测试开发阶段主要根据测试设计阶段所设计的用例(如功能测试用例、性能测试用例、自动化测试用例等)来准备相应的测试数据、测试自动化脚本的录制与维护。其中,值得强调的是,测试自动化脚本可使用相应的自动化工具进行测试,功能自动化测试,需要借助功能自动化工具,如 QuickTest Professional 等;性能自动化测试,需要借助性能自动化工具,如 LoadRunner 等。

1.5　测试实施阶段

当设计好用例、数据准备好后,就可以将设计好的成果应用于软件,如果在执行用例的过程中,发现软件执行的结果和测试用例中的预期结果不一致,那么,这就是软件缺陷,即人们通常听到的软件错误(bug),需要把该缺陷报告给相关开发人员进行修改。缺陷报告是记录缺陷的文档,包含的内容如下。

1.5.1　缺陷报告模板

缺陷报告通常包含如表 1-2 所示的内容。

表 1-2　缺陷报告模板

编号：001	
软件名称：记事本	版本号：V 1.0
测试人员：张三	日期：2009 年 8 月 30 日　　指定处理人：
浏览器：Internet Explorer 6.0	操作系统：Windows 2003
严重程度：功能问题(高)	
优先级：P2	
缺陷概述：使用"记事本"仅保存"联通"二字后再打开该文件,出现乱码	

详细描述：

1. 选择"开始"|"程序"|"附件"|"记事本"打开记事本软件;
2. 仅输入"联通"二字后,选择"文件"|"保存";
3. 在打开的"另存为"对话框中保存文件后退出(文件名、保存位置任意);
4. 打开保存的文件,出现乱码,不是"联通"二字

　　此模板仅为众多缺陷报告模板中的一种,并不是缺陷报告的标准。读者应根据公司的实际情况来制定合理的缺陷报告模板。

　　以下,针对严重程度和优先级来进一步阐述。

　　(1) 缺陷严重程度：表示软件缺陷所造成的危害的恶劣程度。缺陷严重程度的分类在不同的软件公司,分类有的也不同,在此给出一种分类,内容如下。

　　① Fatal：致命的错误,造成系统或应用程序崩溃、死机、系统悬挂,或造成数据丢失、主要功能完全丧失等。

　　② Critical：严重错误,主要指功能或特性没有实现,主要功能部分丧失,次要功能完全丧失,或致命的错误声明。

　　③ Major：主要错误,这样的缺陷虽然不影响系统的使用,但没有很好的实现功能,没有达到预期效果。如提示信息不太准确,或用户界面差,操作时间长等。

　　④ Minor：一些小问题,对功能几乎没有影响,产品及属性仍可使用。

　　⑤ Suggestion：一些友好的建议。

　　(2) 缺陷优先级：表示修复缺陷的先后次序的指标。优先级的分类在不同的软件公司,分类也不尽相同,一般优先级的划分用 A~D 或数字 1~4 表示,A 或 1 表示最高级别,D 或 4 表示最低级别。在此给出一种分类,内容如下。

　　① 最高优先级：立即修复,停止进一步测试。

　　② 次高优先级：在产品发布之前必须修复。

　　③ 中等优先级：如果时间允许应该修复。

　　④ 最低优先级：可能会修复,但是也能不修复。

1.5.2　缺陷报告流转过程

　　将缺陷报告提交给相应的开发人员,最终目的是为了能够进行缺陷的修复。那么软件缺陷究竟要经过怎样一个流转过程呢?以下结合图 1-2 所示的流程进行介绍。

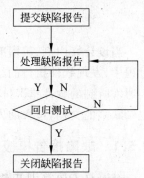

图 1-2　缺陷流转过程

通常,软件缺陷的处理需经过如下过程:

(1) 软件测试人员提交缺陷报告;

(2) 测试经理审核后将缺陷报告分配给相关的开发人员修改;

(3) 缺陷被修改后由测试人员根据缺陷报告中的修改记录进行返测;

(4) 返测通过的缺陷报告由负责人关闭,返测未通过的缺陷报告直接返回开发人员重修修改,缺陷报告直到缺陷被修复以后才关闭。

以上仅是描述了一种缺陷报告的处理流程,在实际工作中应根据实际情况进行缺陷处理流程的调整。

1.6　测　试　总　结

测试进行到一定阶段,可组织相关人员对产品进行评估。以评估软件是否达到测试计划文档中规定的结束标准。如果已经达到标准,则该版本可以进行发布,并且由测试部门提交测试总结报告文档;如果尚未达到标准要求,则要继续实施测试,直至达到结束标准。

1.7　管理工具的产生

以上,是对软件测试流程大致划分,每个阶段都会生成相应的测试文档。

在早期的软件测试过程中,往往依靠 Office 办公软件 Word 或 Excel 管理这些测试文档,但是随着信息化的发展,软件规模越来越大,相应的测试文档篇幅也是越来越复杂,仅仅通过 Word 或 Excel 去管理存在很多的问题。

基于上述原因,人们开始考虑使用一种高效手段来管理这些相应的文档,即管理测试过程中的测试需求、测试用例、执行用例过程、缺陷跟踪等,从而产生了测试管理工具,通过对整个测试过程的有效管理,能够使软件测试过程质量更高效,进而提高软件的质量。

1.8　常用测试管理工具

目前,市场上的测试管理工具种类繁多。以下列举较主流的几款测试管理工具。

(1) TestDirector。HP 公司的测试管理工具,涵盖测试需求、测试用例、执行过程管理、缺陷管理模块。此款工具功能比较齐全,B/S 构架模式,Windows 平台,用户可进行自定义设置功能,可以与 HP 公司的其他工具进行集成,安装配置较简单。但属于商业工具,价格昂贵。

(2) Mantis。一款开源的缺陷管理工具。B/S 构架模式,Windows 平台,安装配置复杂,界面不够美观。

(3) Bugzilla。一款开源的缺陷管理工具。B/S 构架模式,Windows 平台、Linux 平台、Mac OS 平台,安装配置复杂,界面不够美观。

(4) Bugfree。一款开源的缺陷管理工具。B/S 构架模式,Windows 平台,安装配置复杂,界面不够美观。

TestDirector 工具市场使用率较高,故本书选择 HP 公司的 TestDirector 测试管理工具来进行讲解。

第2章　TestDirector 安装

第 1 章已经对 TestDirector 进行了简单的介绍。本章主要针对 TestDirector 的安装来讲解。

本章讲解的主要内容如下：

（1）TestDirector 的介绍；

（2）TestDirector 的安装；

（3）TestDirector 工作流程；

（4）TestDirector 使用案例介绍。

2.1　TestDirector 介绍

TestDirector 是 HP 公司推出的基于 Web 的测试管理工具，可以基于 Web 的方式来访问 TestDirector。能够系统地控制整个测试过程，并创建整个测试工作流的框架和基础，使整个测试管理过程变得更为简单和有组织。

应用程序测试是一个复杂的过程，TestDirector 能够帮助用户有效地管理测试过程的各个阶段，包括测试需求、测试计划、测试执行和缺陷跟踪。

TestDirector 工作流程如下。

TestDirector 为应用程序发布之前的测试提供了一个管理的框架，能够完成从需求管理到缺陷跟踪的整个过程。TestDirector 工作流程如图 2-1 所示。

图 2-1　TestDirector 工作流程

1. 测试需求管理

需求驱动整个测试过程。TestDirector 能够管理并跟踪软件测试的需求，协助测试计划的完成，从根本上指导测试过程的实现。测试需求管理包括如下几个方面。

（1）根据被测软件的相关文档定义测试范围，并将产品需求转换为测试需求。

（2）通过需求树可定义被测软件的全部需求。

（3）针对需求树中的每个功能点，提供详细的需求描述。

（4）自动生成统计图表，便于分析需求。

2. 测试计划

有了测试需求，就可以制定测试计划了，虽然需求驱动整个测试，但是对于测试组来说，测试计划的制定却是测试过程中至关重要的环节，它直接影响测试的进度和质量。在测试计划阶段，要完成如下工作。

（1）根据被测软件的测试范围和系统环境，定义测试目标和测试策略。

（2）按技术点或功能模块分解应用程序，将被测软件分节为不同层次的知识点，并建立包含各个功能点的测试计划树。

（3）确定每个功能点的测试方法。

（4）将每个功能点连接到需求上，使测试计划覆盖全部的测试需求。

（5）针对手工测试的部分，描述每个功能点的测试步骤。

（6）指明需求进行自动测试的功能点，使用自动化工具创建相应的测试脚本。

（7）自动生成统计报表，分析测试计划。

3．测试执行

建立测试计划以后，TestDirector 可以帮助测试人员制定测试日程，在测试执行阶段，TestDirector 能够帮助测试人员完成如下工作。

（1）将测试过程分成不同的组，称为一个个测试集合，测试人员可以在这组里添加所包含的测试内容。

（2）为每个测试人员制定测试任务和测试日程安排。

（3）运行自动化测试。

（4）以图表方式分析测试结果。

4．缺陷跟踪

定位和优化缺陷是测试过程中最基本的一个步骤，TestDirector 的缺陷管理贯穿于测试的全过程，从最初的问题发现到修改缺陷，直至检验修改结果。

（1）在测试过程的任何阶段，测试人员、项目经理、开发人员和最终用户可以随时将缺陷记录到缺陷模块。

（2）相关技术负责人查看新增加的缺陷，并确定哪些是需要修正的。

（3）相关技术人员修改缺陷。

（4）针对修改后的缺陷，测试人员进行回归测试，如仍不符合要求，重新提交给技术人员修改，直到缺陷被关闭。

（5）分析缺陷统计图表，分析应用程序的开发质量。

2.2　TestDirector 安装

想了解 TestDirector 的使用功能，首先要安装 TestDirector。下面介绍 TestDirector 8.0 的安装过程。

2.2.1　TestDirector 安装流程

TestDirector 的安装流程如图 2-2 所示，下面按照安装流程来介绍。

2.2.2　验证系统配置

由于 TestDirector 是基于 B/S 结构的一款软件，基于 Web 的软件需要在一台服务器上部署成功后，用户就可以通过自己的计算机打开浏览器来访问该软件。在安装

图 2-2　TestDirector 安装步骤

TestDirector 8.0 之前,需要知道服务器端和客户端计算机的安装需求,服务器端具体需求如表 2-1 所示。

表 2-1 TestDirector 服务器端安装要求

处 理 器	Pentium 4,主频为 1.7MHz 以上
内存	512MB
硬盘空间	• 安装 TestDirector 至少 320MB 硬盘空间,如果要保存 TestDirector 项目文件,至少还需要 60MB 空间 • Windows NT 4.0 除以上空间外,还需要 140MB 虚拟内存 • Windows 2000 除以上空间外,还需要 190MB 虚拟内存
操作系统	• Windows NT 4.0 Server SP6a • Windows 2000 Advanced Server/Server SP4 • Windows Server 2003 企业版 标准版
Web 服务器	• Windows NT 4.0 Server:IIS 4.0 • Windows 2000 Advanced Server/Server SP4:IIS 5.0 • Windows Server 2003 企业版 标准版:IIS 6.0
数据库类型	• Microsoft Access • Oracle 8.1.7.4/9.2.0.4.5 • Microsoft SQL Server 7.0/2000 • Sybase 12.0/12.5

注意:TestDirector 8.0 只能安装在 Windows 操作系统下,需要的 Web 服务器为 IIS,安装前先保证计算机上已经安装 IIS。支持的数据库类型包括 Access、Oracle、Microsoft SQL Server 和 Sybase。

如果想在本地客户端计算机访问 TestDirector,客户端计算机也要满足一定的条件,才能正常使用 TestDirector,客户端计算机的具体要求如表 2-2 所示。

表 2-2 TestDirector 客户端安装要求

处 理 器	Pentium 100MHz 以上
内存	64MB
硬盘空间	20MB 硬盘空间
操作系统	• Windows 98 SE • Windows ME • Windows NT 4.0 Server SP6a • Windows 2000 Advanced Server/Server SP4 • Windows XP 企业版/家庭版
浏览器	• Internet Explorer 5.5/6.0 • Netscape Navigator 4.79
文档生成器	• Microsoft Word 97 以上

2.2.3 安装配置数据库客户端

TestDirector 8.0 可以使用的数据库类型包括 Microsoft Access、Oracle、Microsoft

SQL Server、Sybase。

如果 TestDirector 8.0 是标准版，数据库只能使用 Microsoft Access。

TestDirector 8.0 如果想使用 Oracle、Microsoft SQL Server、Sybase 这 3 种数据库，服务器端必须要安装所使用的数据库的客户端组件，然后进行客户端的配置。客户端组件安装过程比较简单，在此忽略。

对客户端的配置在此以 Microsoft SQL Server 2005 为例来介绍。具体步骤如下。

（1）打开 SQL Server Configuration Manager（配置管理器），如图 2-3 所示。

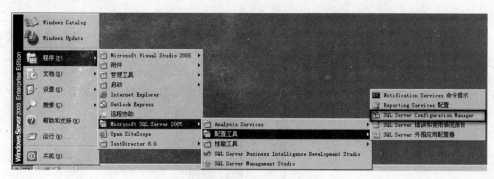

图 2-3   打开 SQL Server 配置管理器

（2）在 SQL Server Configuration Manager（SQL Server 配置管理器）窗口左侧的树状菜单中选择"SQL Native Client 配置"|"别名"结点，在右侧窗口右击，在弹出的快捷菜单中选择"新建别名"菜单命令，如图 2-4 所示。

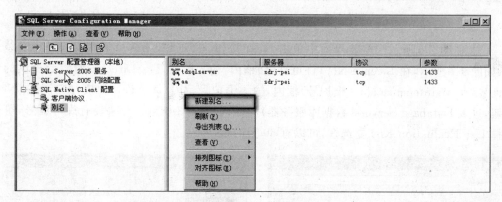

图 2-4   SQL Server Configuration Manager 窗口

（3）在弹出的"tdsqlserver 属性"对话框中，输入各项信息，单击"确定"按钮，完成客户端配置，如图 2-5 所示。

在图 2-5 所示的"别名"选项卡中各内容含义如下。

① 别名：给 SQL Server 2005 设置一个另外的名字。

② 端口号：默认使用端口 1433 和服务器连接。

③ 服务器：SQL Server 2005 服务器名称或 IP 地址。

④ 协议：默认使用 TCP/IP 协议进行通信。

2.2.4 Web 服务器上安装 TestDirector

TestDirector 在服务器端安装后,用户就可以在客户端通过浏览器访问 TestDirector。下面介绍在服务器端安装 TestDirector。

注意:安装 TestDirector 8.0 时,必须以管理员的身份登录到 Web 服务器端,并且要对 TestDirector 的域仓库目录要有足够的控制权限。

(1) 将 TestDirector 的 CD 光盘插入到光驱,TestDirector 8.0 的安装界面打开,如图 2-6 所示。

图 2-5　SQL Server 别名设置

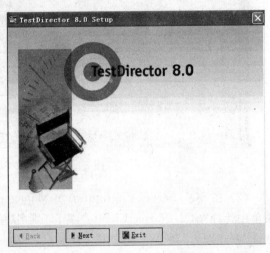

图 2-6　TestDirector 安装界面 1

(2) 在图 2-6 所示的安装界面中单击 Next 按钮,进入 License No.(许可证号)安装界面,如图 2-7 所示,在 License No.(许可证号)框内,输入购买 TestDirector 时厂商提供的许可证号,在 Maintenance No.(维护号)框内,输入维护号,并且阅读许可协议,然后单击 Next 按钮,进入 Database Servers(数据库服务器)界面,如图 2-8 所示。如果没有许可证号,可以选择 Use Evaluation Key 复选框,可以有 60 天的试用期。

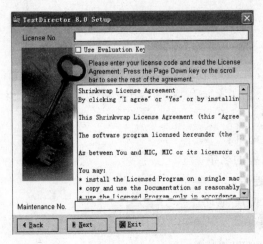

图 2-7　TestDirector 安装界面 2

图 2-8　TestDirector 数据库类型

在 Database Servers(数据库服务器)安装界面中,TestDirector 默认只使用 Access 数据库。若想使用其他的数据库类型,如 Oracle、MS-SQL Server 或 Sybase,需要确认是否在服务期端安装了相应数据库的客户端。如果只选择 Access,直接跳到第(3)步执行,如果选择 Oracle、MS-SQL Server 或 Sybase,则相应的数据库类型的连接对话框打开,输入相应的数据库的别名,单击 Next 按钮,打开 TestDirector Service(TestDirector 服务)安装界面,如图 2-9 所示。

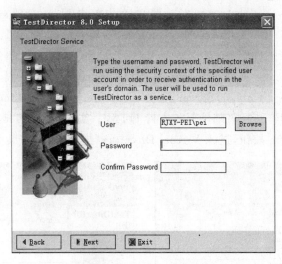

图 2-9　TestDirector 服务

(3) 在 TestDirector Service(TestDirector 服务)安装界面中,设置 TestDirector 为一项服务,该服务必须依赖于某个固定的账号,在 User 框内,输入一个用户,也可以单击 Browse 按钮,从弹出的对话框中选择用户,用户必须具有管理员权限,Password 栏输入密码,在 Confirm 栏重复输入密码。单击 Next 按钮,进入 Domains Repository(域仓库)安装界面,如图 2-10 所示。

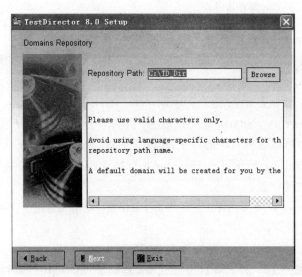

图 2-10　TestDirector 域仓库

（4）在 Domains Repository（域仓库）安装界面，单击 Browse 按钮，在弹出的对话框中为 Repository Path 栏选择域仓库的路径，域仓库是用来存放 TestDirector 中项目的数据信息，对所有用户都是共享的。如果该目录不是共享，TestDirector 会弹出 Confirm 对话框询问是否共享，如图 2-11 所示，单击 Yes 按钮，可在弹出的对话框中输入共享名或使用默认共享名。在图 2-10 中单击 Next 按钮，进入 Mail Service（邮件服务）安装界面，如图 2-12 所示。

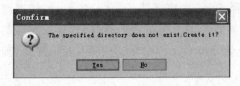

图 2-11　TestDirector 创建目录提示

（5）Mail Service（邮件服务）安装界面，TestDirector 可以通过邮件服务器给项目中的用户发邮件。选择 Select a Mail Service Option，选择一项邮件服务，推荐使用 SMTP（Simple Mail Transfer Protocol）Server，因为 TestDirector 使用 Windows Sockets 协议后会直接发给邮件服务器，并且该邮件服务支持 HTML 格式，在 SMTP Server 框内输入邮件服务器地址。单击 Next 按钮，进入 Virtual Directory（虚拟目录）安装界面，如图 2-13 所示。

图 2-12　TestDirector 邮件服务器

图 2-13　TestDirector 虚拟目录

（6）Virtual Directory（虚拟目录）安装界面中各项含义如下。

① TestDirector URL：显示 TestDirector 的 URL 路径，如果选择不同的虚拟目录，TestDirector 的 URL 会随之变化。

② Host Name：默认显示安装了 TestDirector 的计算机的名称。

③ Virtual Directory Name：显示虚拟目录的名字，默认的虚拟目录名为 TestDirectorBIN，可以修改虚拟目录的名字，修改完毕后，TestDirector 的 URL 会随之变化。

④ Physical Location：显示 TestDirector 8.0 站点所在的默认的物理位置，可根据自己的需要修改站点的物理位置。

在 Virtual Directory（虚拟目录）安装界面，单击 Next 按钮，进入 SiteScope Installation 安装界面，如图 2-14 所示。

（7）在 SiteScope Installation 安装界面，选择 Install SiteScope 复选框，则 SiteScope 将一起被安装。SiteScope 是一种为确保分布式 IT 基础部件的可用性和性能的无代理的一种监视解决方案。这种分布式基础部件包括服务器、操作系统、网络设备、网络服务、应用程序及应用组件。在站点管理中可以使用 SiteScope 进行监视，后续章节会介绍站点管理的使用。单击 Next 按钮，进入 TestDirector Demonstration 安装界面，如图 2-15 所示。

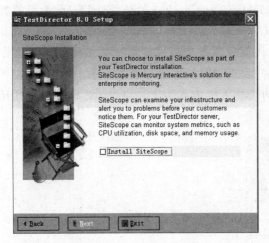

图 2-14　SiteScope 安装

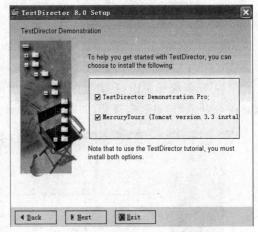

图 2-15　TestDirector 演示案例

（8）在 TestDirector Demonstration 安装界面，为了帮助用户入门，TestDirector 自带了演示案例，在对话框中选择示例即可查看案例。单击 Next 按钮，进入 Setup Summary 安装界面，如图 2-16 所示。

（9）在 Setup Summary 安装界面，TestDirector 会按照前几个步骤的设置检查磁盘空间，如果要更改设置，则单击 Back 按钮，如果接受设置，则单击 Install 按钮，安装过程会持续几分钟。

（10）安装完成后，进入 Registration（注册）安装界面，如图 2-17 所示。在线注册单击 Online Registration 按钮，可以进行网上注册。单击 Next 按钮，进入 Web Address（网站地址）安装界面，如图 2-18 所示。

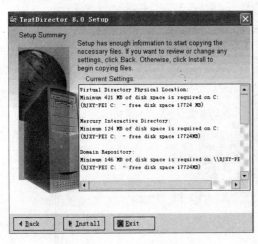

图 2-16　安装摘要

图 2-17　TestDirector 注册对话框

（11）在 Web Address（网站地址）安装界面，显示 TestDirector 的 URL，可以使用该 URL 地址访问 TestDirector，单击 Finish 按钮完成安装。

2.2.5 验证 TestDirector

TestDirector 安装完成之后，可以使用 TestDirector Checker 验证 TestDirector 服务器各个组件是否正确。

TestDirector Checker 是校验 TestDirector 服务器各个组件是否正确的诊断器。运行 TestDirector Checker 后，TestDirector Checker 会准确描述出服务器组件存在问题原因。

（1）在系统托盘中，右击 图标，从弹出的快捷菜单中选择 TestDirector Checker，打开 Password（密码）对话框打开，如图 2-19 所示。

图 2-18 TestDirector 的 URL   图 2-19 TestDirector 密码对话框

（2）在 Password 对话框中，输入密码后，弹出 TestDirector 8.0 Server Side Checker（服务器端检查）对话框，如图 2-20 所示。

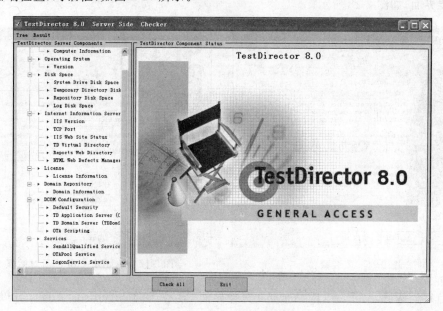

图 2-20 TestDirector 检查

（3）在图 2-20 中，单击 Check All 按钮后，会显示 TestDirector 组件状态详细信息，如图 2-21 所示。

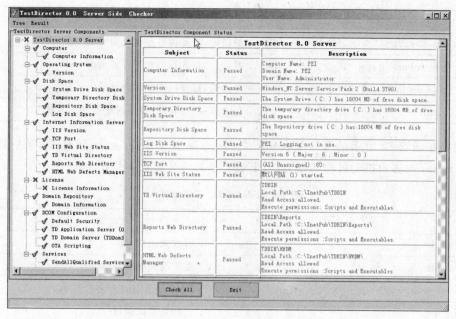

图 2-21　TestDirector 检查结果

（4）在图 2-21 所示的检查结果中，如果 Status 列内容都显示绿色的 Passed，则表示 TestDirector 各组件状态正常，没有问题，如果 Status 列内容有显示红色的 Failed，则表示该组件存在问题，需要针对问题进行解决。

2.2.6　运行 TestDirector

安装好 TestDirector 后，就可以通过浏览器来访问 TestDirector。

（1）打开浏览器，输入 TestDirector 的 URL 如下：http://［TestDirector server name］/［Virtual directory name］/default.htm，则进入 TestDirector 的主页，如图 2-22 所示。

图 2-22　TestDirector 主页

在图 2-22 中,左侧包含的超链接内容含义如表 2-3 所示。

表 2-3　TestDirector 首页超链接

超链接名称	描　述
TestDirector	单击后,打开项目登录页面
Site Administrator	单击后,打开站点管理登录页面
Add-ins Page	单击后,打开插件加载项页面
Read me	包含安装、兼容性、典型问题等细小问题

（2）在图 2-22 所示的 TestDirector 页面中,单击 TestDirector 超链接,第一次访问 TestDirector 时客户机会自动下载文件,下载文件的含义如表 2-4 所示。

表 2-4 TestDirector 下载文件

文　件　名	描　述
OTAclient80	开放式架构 API
webTestDirectorclient80. dll	客户端和服务器端连接
TestDirectorclientui80. ocx	TestDirector 用户界面显示
wexectrl. exe	自动化测试执行
XGO. ocx	执行流程可用
test_type. ini	测试计划中包含的测试类型
American. adm& Roget. adt	拼写检查
OTAXml. dll& OtaReport. dll	生成各种报表
SRunner. ocx	VAPI-XP 的使用（TestDirector 安装企业版）
TdComandProtocol. exe& TestDirectorInstancemanager. exe	TestDirector 与邮件服务器之间的连接可用

① TestDirector 在自动下载文件的同时,会检查计算机上的版本,如果发现服务器上的 TestDirector 版本高于本地计算机上的版本,它会自动将新版本下载到本地。下载完成后, 打开 TestDirector 的项目登录页面,如图 2-23 所示。

图 2-23　TestDirector 项目登录页面

② 在图 2-23 中,输入账号、密码,可登录到某项目的测试过程管理页面。

2.2.7 插件下载

在图 2-22 所示的 TestDirector 页面中,单击 Add-ins Page 超链接,可进入系统插件下载页面。如果测试人员在使用过程中需要其他插件,可通过该页面进行下载。

在图 2-24 所示的 TestDirector Add-ins 页面中,各超链接内容含义如下。

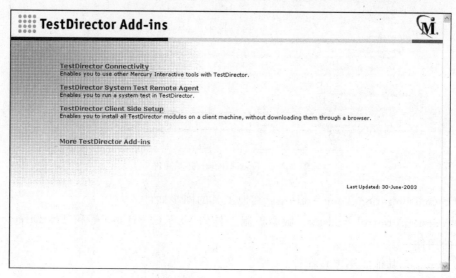

图 2-24 TestDirector 插件页

① TestDirector Connectivity:TestDirector 和美科利公司的工具是集成使用的插件。

② TestDirector System Test Remote Agent:在 TestDirector 中进行系统测试的插件。

③ TestDirector Client Side Setup:TestDirector 客户端安装插件。

④ More TestDirector Add-ins:更多的其他插件,包括如 Quick Test Professional 工具插件、Word、Excel 等其他工具和 TestDirector 集成使用的插件。

1. 下载更多插件

通过 More TestDirector Add-ins 超链接能够下载更多的插件,包括如 Quick Test Professional 工具插件、Word、Excel 等其他工具和 TestDirector 集成使用的插件。从而能够让 TestDirector 工具和其他工具更好的集成。

(1) 在图 2-24 所示的 TestDirector Add-ins 页面中,单击 More TestDirector Add-ins 超链接,进入更多插件页面,如图 2-25 所示。

(2) 在图 2-25 所示的 More TestDirector Add-ins 页面中,列出了 TestDirector 工具与第三方工具集成需要安装的各类插件。

① Mercury Interactive Testing Tool Add-ins:美科利公司自动化工具如 QuickTest Professional、WinRunner 等和 TestDirector 集成需安装的插件。

② Microsoft Add-ins:微软公司工具如 Word、Excel 等和 TestDirector 集成需安装的插件。

③ External Tracking Tool Add-ins:其他缺陷跟踪工具如 ClearQuest、PVCS Tracker 等和 TestDirector 集成需安装的插件。

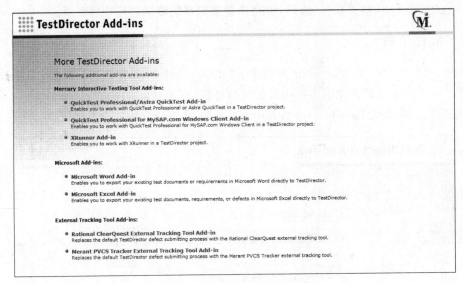

图 2-25   TestDirector 更多插件

④ Synchronization Tool Add-ins：其他工具的同步插件。

⑤ Version Control Add-ins：版本控制工具如 VSS、ClearCase 等和 TestDirector 集成需安装的插件。

⑥ Others：其他的小工具插件。

（3）根据工作中实际情况，选择不同的插件下载并安装。

2.2.8   自定义 TestDirector

TestDirector 提供了自定义 TestDirector 模块名称、超链接名称、TOOL 以及 HELP 子菜单名称的功能，可以根据公司的实际情况来进行修改名称，通过修改服务器端 Setup_a.ini 文件来实现。具体步骤如下。

（1）打开 TestDirector 的虚拟目录，默认情况下路径：C:\Inetpub\TestDirectorBIN，在 TestDirectorBIN 目录下找到 Setup_a.ini 文件，打开 Setup_a.ini 文件。

（2）定位到 File_2。

（3）通过修改参数 param _ RegisteredPages 中的＜Tab _ Name＞来实现修改 TestDirector 中的模块名称。param_RegisteredPages 语法格式如下：

```
<Tab_Name>,<CLSID>[!<Tab_Name>,<CLSID>…]
```

（4）通过修改参数 param _ RegisteredLinks 中的＜Link _ Name＞来实现修改 TestDirector 登录窗口中右侧的超链接名称。param_RegisteredLinks 语法格式如下：

```
<Link_Name>,<URL>[!<Link_Name>,<URL>…]
```

（5）通过修改参数 param_RegisteredTools 中的＜Tool_Name＞来实现修改登录 TestDirector 后 TOOLS 子菜单名称。param_RegisteredTools 语法格式如下：

```
<Tool_Name>,<CLSID>[!<Tool_Name>,<CLSID>…]
```

（6）通过修改参数 param_RegisteredHelp 中的＜Help_Name＞来实现修改登录
TestDirector 后 HELP 子菜单名称。param_RegisteredHelp 语法格式如下：

```
<Help_Name>,<URL>[!<Help_Name>,<URL>…]
```

推荐：在修改 Setup_a.ini 文件之前最好先备份。

2.3　TestDirector 使用案例介绍

在后续章节介绍 TestDirector 测试过程的功能中，将以学生信息管理系统作为案例来进行配合讲解。该软件功能比较简单，介绍如下。

该软件是面向学生管理进行开发的。主要包括系统用户管理、班级管理、学生档案管理、课程管理、成绩管理、专业管理、帮助等功能模块，如图 2-26 所示。

图 2-26　学生信息管理系统

系统用户管理主要面向的是管理员管理所有用户信息情况。其中包括管理用户，设置用户的权限等内容。在该功能模块中还可以对用户的相关信息进行维护，包括修改、添加、删除、查询等。同时，在这部分功能模块中人们还可以自定义角色，为角色指定不同的权限。一个用户可以拥有多种角色。

班级管理主要面向的是系统化管理班级信息的情况。其中包括班级编号、班级名称、所属专业、年级、辅导员等信息内容。在该功能模块中还可以对这些班级的相关信息进行维护，包括修改、添加、删除、查询等。

学生档案管理主要面向的是系统化管理学生档案信息的情况。其中包括学生编号、姓名、性别、班级、年级、专业、出生年月、籍贯等内容。在该功能模块中还可以对这些学生的相关信息进行维护，包括修改、添加、删除、查询等。

课程管理主要面向的是系统化管理所有课程信息的情况。其中包括课程管理、班级课表管理、学生个人课表管理。课程管理模块面向的是学校所开的课程，包括课程编号、课程名称、教材、主讲教师、课程费用等信息内容;班级课表管理负责管理某个班级在一个学期中的开设课程情况,包括班级课表编号、班级名称、课程编号等内容;学生个人课表负责管理某个学生在一个学期中的所选课程情况,包括学生课表编号、学生编号、课程编号等内容。在该功能模块中还可以对这些课程的相关信息进行维护,包括修改、添加、删除、查询等。

成绩管理主要面向的是系统化管理考试成绩信息的情况。其中包括学生课表编号、分数、考试类型等信息内容。在该功能模块中还可以对成绩的相关信息进行维护,包括修改、添加、删除、查询等。

专业管理主要面向的是系统化管理专业信息的情况。其中包括专业编号、专业名称等信息内容。在该功能模块中还可以对专业的相关信息进行维护,包括修改、添加、删除、查询等。

帮助模块是为了让客户更好的使用该系统而所设计的一个模块。用户可以通过单击相应的超链接查看帮助信息。

2.4 同步训练

2.4.1 实验目标

(1) 正确安装 TestDirector 8.0。
(2) 熟悉学生信息管理系统。

2.4.2 前提条件

在安装 TestDirector 8.0 之前,首先需要安装两个软件:Web 服务器和数据库软件。

2.4.3 实验任务

参照本章讲解正确安装 TestDirector 8.0。
通过使用学生信息管理系统,熟悉其功能。

第 3 章　TestDirector 站点管理

第 2 章已经对 TestDirector 的安装进行了简单的介绍,相信大家对 TestDirector 有了简单的认识。对于 TestDirector 的功能使用本书从站点管理、项目自定义管理、测试需求管理、测试计划管理、测试实验室管理、缺陷管理、功能扩展、项目实战几个方面来进行阐述。这一章主要针对 TestDirector 的站点管理来讲解,如果是 TestDirector 的管理员,会使用到这个模块。

本章讲解的主要内容如下:

(1) 站点管理概述;

(2) 管理项目;

(3) 管理用户;

(4) 管理连接数;

(5) 管理许可证;

(6) 管理 TestDirector 服务器;

(7) 管理数据库服务器;

(8) 设置 TestDirector 服务器配置;

(9) SiteScope 简单介绍。

3.1　站点管理概述

站点管理是对整个 TestDirector 维护的入口,如果想使用 TestDirector 来管理项目的测试过程数据,则首先需要使用站点管理来进行相应的设置。下面介绍 TestDirector 8.0 的站点管理。

3.1.1　站点管理启动

首先需要登录到站点管理中,才能对整个站点进行管理。具体启动站点管理的步骤如下。

(1) 打开浏览器,输入 TestDirector 的 URL,回车后,进入 TestDirector 的主页,如图 3-1 所示。

(2) 在图 3-1 所示的 TestDirector 首页中单击 Site Administrator 超链接,进入站点管理登录页面,如图 3-2 所示。

第一次访问 TestDirector 的站点管理时客户机会从服务器端自动下载文件,TestDirector 在自动下载文件的同时,会检查本机上的版本,如果发现服务器上的 TestDirector 版本高于本机上的版本,它会自动将新版本下载到本地。

(3) 在图 3-2 所示的 TestDirector 站点管理登录页中,输入管理员密码,单击 Login 按钮,进入站点管理页面,如图 3-3 所示。

图 3-1　TestDirector 首页

图 3-2　TestDirector 站点管理登录页

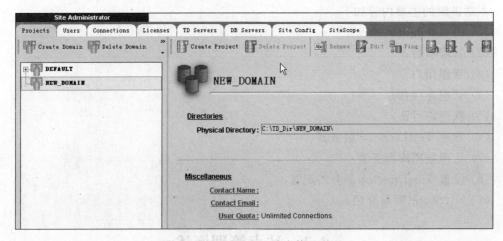

图 3-3　TestDirector 站点管理页面

注意：TestDirector 安装完成后，站点管理密码默认为空。

3.1.2　修改站点管理初始密码

为了保证站点管理的信息安全，需要修改站点管理的初始密码。具体步骤如下。

（1）在图 3-2 所示的 TestDirector 站点管理登录页中，单击修改密码超链接，弹出 Change Administrator Password（修改管理员密码）对话框，如图 3-4 所示。

图 3-4　TestDirector 修改管理员密码

（2）在 Change Administrator Password 对话框中，设置旧密码和新密码，单击 OK 按钮，则密码修改成功。

3.2　管理项目

在使用 TestDirector 管理项目的测试过程数据之前，首先要在站点管理中创建一个 TestDirector 项目。TestDirector 项目可以理解为存取测试过程中的各种数据信息的数据库。将来 TestDirector 中会有很多不同的项目，那么 TestDirector 是如何来管理大量项目的？首先来了解下 TestDirector 存储项目的结构。

3.2.1　理解 TestDirector 的项目目录结构

　　TestDirector 采用域来管理项目，进行 TestDirector 安装时创建的 TD_Dir（默认情况下）目录称为域仓库（Domain Repository），用来存放 TestDirector 管理的所有项目。TestDirector_Dir 是一个共享目录，它的下一级目录为域名称（如 Default），域名称目录下存放的是它所包含的所有的项目（如 Demo_DB_0）。可以在默认域下创建项目也可以在自己定义的域下创建项目，TestDirector 的项目目录结构如图 3-5 所示。

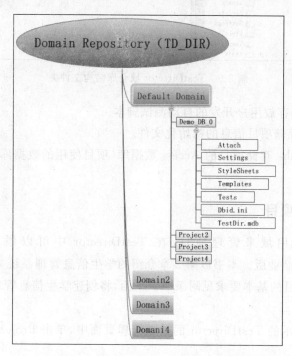

图 3-5　TestDirector 项目目录结构

　　TestDirector 项目目录结构页面中的内容含义如下。

　　（1）Default 是 TestDirector 系统自带的案例所使用的域名称，Demo_DB_0 是 TestDirector 系统自带的案例。

　　（2）Domain1、Domain2、Domain3 是用户自己创建的域。

　　（3）Project1、Project2、Project3 是用户在 Default 域中创建的项目。

　　域仓库结构是以文件夹的形式存储的，在 Windows 系统中打开资源管理器，可以清楚地看到它的存储，如图 3-6 所示。

　　Demo_DB_0 项目下包含了多个目录，分别介绍如下。

　　（1）Attach：用于存放用户上传的附件。

　　（2）Settings：用于存放用户定制的视图。

　　（3）StyleSheets：用于存放样式表单。

　　（4）Templates：用于存放模板信息。

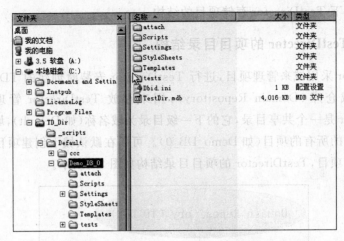

图 3-6　TestDirector 域仓库结构文件夹

（5）Tests：用于存放用户开发的自动测试脚本。

（6）Dbid.ini：存储项目信息的初始化文件。

（7）TestDir.mdb：存储项目的 Access 数据库（项目使用的数据库类型为 Access 时该文件才存在）。

3.2.2　创建域和项目

TestDirector 采用域来管理项目，在 TestDirector 中可以添加新域，但前提是 TestDirector 版本是企业版。本书以第 2 章介绍的学生信息管理系统为案例来讲解各章的理论内容，关于该项目的基本要求见附录 A。下面，将创建学生信息管理系统的域。

1. 创建域

（1）在图 3-3 所示的 TestDirector 的站点管理页面中，单击 Projects 选项卡，显示项目页面如图 3-3 所示。

（2）在 TestDirector 的站点管理页面中，单击工具栏中的 Create Domain 按钮，在弹出的窗口中输入域名称 STUDENTMANAGE，单击 OK 按钮，则创建域完成。

（3）单击刚刚添加的域名 STUDENTMANAGE，右侧显示该域的相关属性。

User Quota：单击 User Quota 超链接可设置连接到该域上的用户的数量。

2. 删除域

将创建的域删除，在 TestDirector 的站点管理页面中，选择某个域，单击工具栏上的 Delete Domain 按钮，TestDirector 会提示是否要删除该域。

注意：如果域下边有项目，如果想删除域，必须先把该域下的项目全部删除。域不能重命名。DEFAULT 域不能被删除。

3. 创建项目

创建域后，则可以在域下创建项目。

（1）在 TestDirector 的站点管理页面中，选中刚刚添加的域 STUDENTMANAGE，单击右侧的工具栏中的 Create Project 按钮，弹出 Creat Project（创建项目）对话框，如

图 3-7 所示。

Create Project 对话框中的内容含义如下。

① Project Name：输入项目名称 stumanage。

② In Domain：项目所在的域名。

③ Database Type：选择项目的数据库类型，默认情况选择的 MS Access，其他类型 MS-SQL、Oracle、Sybase 前的单选按钮是否可用和数据库服务器设置有关，关于数据库服务器的知识详见第 3.7 节。若选择 Access 数据库，单击 Next 按钮，可直接跳过第(2)步，查看第(3)步。

（2）在 Creat Project 对话框中如果选择数据库类型为 MS-SQL，单击 Next 按钮，进入下一步，如图 3-8 所示，选择数据库服务器（需要在数据库服务器选项卡页面中设置 MS SQL 数据库服务器），输入数据库管理员和密码，单击 Next 按钮，进入下一步，如图 3-9 所示。

图 3-7　创建项目

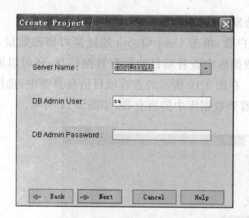

图 3-8　数据库服务器

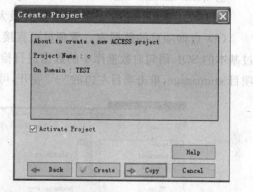

图 3-9　项目摘要信息

（3）此时，Creat Project 对话框中将显示项目摘要信息，查看项目信息无误后单击 Create 按钮，创建项目会持续几分钟。

（4）创建项目成功后，查看项目信息，如图 3-10 所示。

查看项目信息页面中的内容含义如下。

① Database Type：数据库的类型。

② Database Name：数据库名称。

③ Database Server：数据库服务器。

④ Created From Project：复制的项目名称。

⑤ Created From Domain：复制的域名称。

⑥ Connection String：数据库连接字符串。

⑦ Project Directory：项目所在文件夹的路径。

⑧ Project Status：项目状态激活和非激活两种。

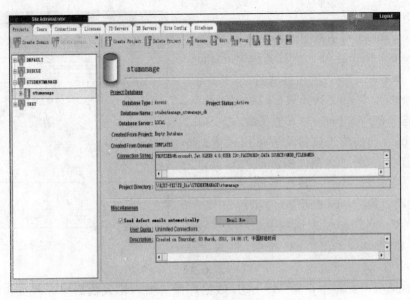

图 3-10　查看项目信息

⑨ Send defects emails automatically：自动发送缺陷信息邮件。

⑩ User Quota：设置连接到项目的最大用户数，单击 User Quota 超链接可修改数量。

（5）查询项目的数据表。管理员可直接从数据库中查看项目的所有数据信息，还可以通过基本的 SQL 语句对数据库中的数据进行检索。在图 3-10 所示的查看项目信息页面中，选择项目 stumanage，单击项目左边的"＋"展开，可以看到数据库中的所有表，如图 3-11 所示。

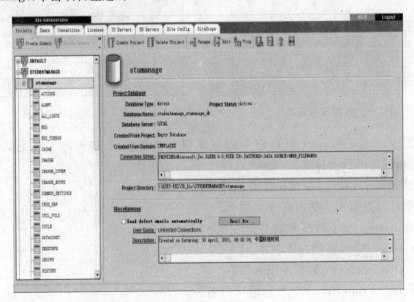

图 3-11　项目数据库表

（6）在图 3-11 所示的项目数据库表页面中，选择一个表，如 BUG 表，右侧显示 BUG 表的结构和数据，如图 3-12 所示，并且可以在上边的空白处输入基本的查询语句，单击 Execute SQL 按钮后，系统将查询结果显示在下面的列表中。

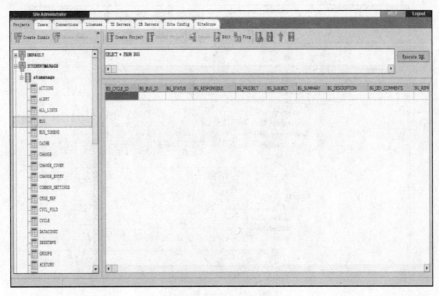

图 3-12　查询数据库表

3.2.3　复制项目

创建项目有一种快捷方式,当创建的项目和已有项目的相关设置(如项目成员、成员角色、成员权限等)相同时,可直接复制项目。操作步骤如下。

(1) 在如图 3-9 所示的项目摘要信息页面中,单击 Copy 按钮,Creat Project 对话框将显示如图 3-13 所示内容。

(2) 在如图 3-13 所示的项目摘要信息页面中的内容含义如下。

① Customization:复制自定义选择项目中测试需求、测试用例、测试集、缺陷等信息。

② Users and Groups:复制关于项目用户和项目组中的信息。

3.2.4　激活项目与重命名项目

1. 非激活项目

在如图 3-14 所示的页面中选中项目 stumanage,单击右侧工具栏上的 Deactivate Project 按钮,弹出警告消息框,单击 OK 按钮,则该项目设置

图 3-13　复制项目信息

为非激活状态。当项目处于非激活状态时,在 TestDirector 登录项目页面中,项目列表中不显示该项目即该项目不可用,如图 3-15 所示。

2. 激活项目

在如图 3-16 所示的页面中选中项目 stumanage,单击右侧的 Activate Project 按钮,则该项目设置为激活状态。

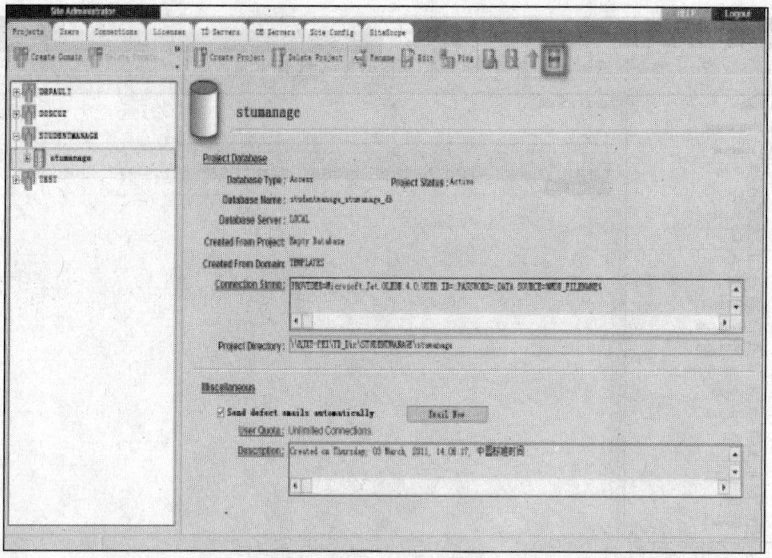

图 3-14　非激活项目

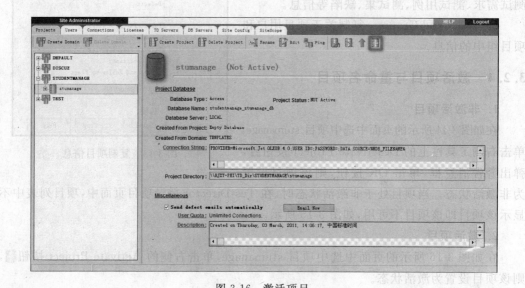

图 3-15　TestDirector 登录项目列表

图 3-16　激活项目

3. 重命名项目

重命名项目之前,必须设置项目处于非激活状态。在图 3-10 所示的查看项目信息页面中,选择要重名的项目,单击右侧的 Rename 按钮 ,如果项目处于激活状态,将弹出 Confirm 消息框,提示是否设置项目处于非激活状态,如图 3-17 所示。单击 Yes 按钮,将弹出 Warning 消息框,提示非激活项目后会断开所有连接到该项目的用户,如图 3-18 所示,单击 OK 按钮,弹出重命名对话框,输入项目新名称。在此不做演示。

图 3-17　非激活项目　　　　　　　　　　图 3-18　断开用户

3.2.5　移除项目和删除项目

1. 移除项目

由于某些原因如项目不使用或项目迁移等,不想让该项目在左侧的项目列表中显示时,可以移除项目,待项目使用时,再恢复项目(参考恢复项目)。

移除项目之前,必须设置项目处于非激活状态。在如图 3-10 所示的查看项目信息页面中,选择项目 stumanage,单击右侧的 Remove Project 按钮 ,弹出 Confirm 消息框,提示是否要移除项目,如图 3-19 所示,单击 OK 按钮,如果项目处于激活状态,弹出 Confirm 消息框,提示是否设置项目处于非激活状态,如图 3-17 所示,单击 Yes 按钮,弹出 Warning 消息框,提示非激活项目后会断开所有连接到该项目的用户,如图 3-18 所示,单击 OK 按钮,系统提示移除项目成功,该项目 stumanage 在左侧的项目列表域名称 STUDENTMANAGE 中不显示,如图 3-20 所示。

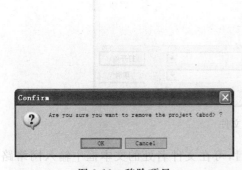

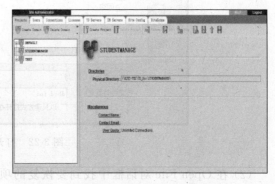

图 3-19　移除项目　　　　　　　　　　　图 3-20　移除项目不显示

注意:移除项目后,该项目只是在项目列表中不显示,该项目信息仍保存在域仓库中。

2. 删除项目

删除项目之前,必须设置项目处于非激活状态,在图 3-10 查看项目信息页面中,选择某个项目,单击右侧的 Delete Project 按钮,TestDirector 会提示是否要删除该项目。

注意:删除项目后,则该项目信息会被彻底删除,请慎用。

3.2.6 恢复项目

如果想让已经移除的项目再次显示在项目列表中，可通过恢复项目完成。操作如下。

在图 3-20 所示的移除项目不显示页面中，选中域名称 STUDENTMANAGE，单击右侧的 Restore Project 按钮，弹出 Restore Project(恢复项目)对话框，如图 3-21 所示。

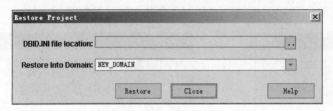

图 3-21　恢复项目

在图 3-21 所示的 Restore Project(恢复项目)对话框中的内容含义如下。

(1) DBID. INI file location：恢复项目的 dbid. ini 文件的位置。

(2) Restore Into Domain：项目恢复到哪个域名称下。

操作步骤如下。

(1) 单击 Restore Project 对话框中的 .. 按钮，弹出 Open File 对话框，如图 3-22 所示。

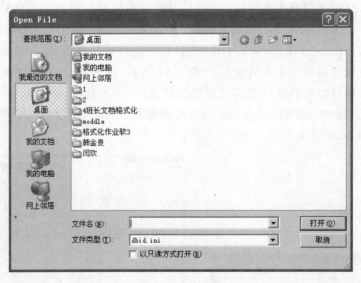

图 3-22　打开文件

(2) 在 Open File 对话框中找到要恢复的项目，可在文件名处的文本框中输入网络路径，找到该项目的 dbid. ini 文件，单击"打开"按钮，该项目的配置信息将显示在 Restore Project 对话框中，如图 3-23 所示。

(3) 在图 3-23 所示的 Restore Project 对话框中，单击 Restore 按钮，则该项目恢复到项目列表中，在此不再赘述。

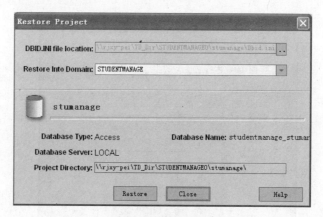

图 3-23　恢复项目信息

3.3　管 理 用 户

在使用 TestDirector 管理项目的测试过程数据之前,首先要在站点管理中给用户创建账号。通过 TestDirector 的管理用户功能,可以添加或导入新的用户,修改用户的属性,或删除一个用户。下面同样以第 2 章介绍的学生信息管理系统为案例来讲解理论内容,关于该项目的基本要求见附录 A。下面,需要给该项目中的用户添加账户。

1. 添加用户

(1) 在图 3-3 所示的 TestDirector 的站点管理页面中,单击 Users 选项卡,显示用户管理页面,如图 3-24 所示。

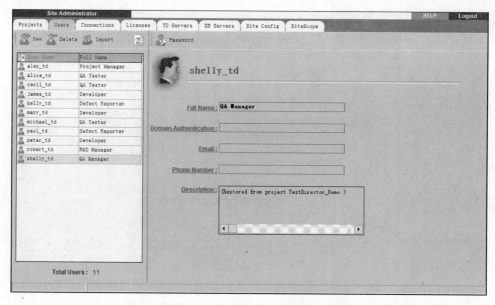

图 3-24　TestDirector 管理用户

(2) 在图 3-24 所示的 TestDirector 管理用户页面中,单击工具栏上的 New 按钮 ,弹出 User Details 对话框,如图 3-25 所示。

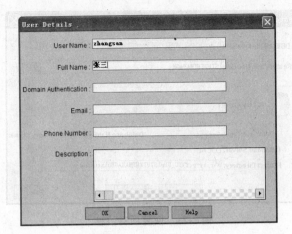

图 3-25　添加用户

在图 3-25 所示的 User Details 对话框中各参数含义如下。

① User Name：输入用户账号名称 zhangsan。

② Full Name：用户名字全称"张三"。

③ Domain Authentication：域用户权限。

④ Email：用户的邮箱地址。

⑤ Phone Number：用户电话。

⑥ Description：其他描述信息。

（3）在图 3-25 的 User Details 页面中输入相关信息后单击 OK 按钮，该名称 zhangsan 马上添加到左侧的用户列表中，单击左侧用户列表中的用户名称，这时能在右侧看到用户的详细信息内容，如图 3-26 所示。

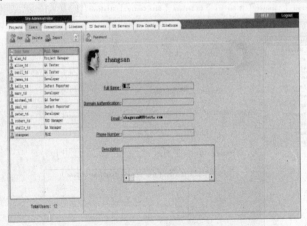

图 3-26　zhangsan 用户

在图 3-26 中，单击用户详细信息中的每一条蓝色的超链接，可以修改用户信息。

（4）重复执行第（2）步和第（3）步操作，依次添加用户刘五、李四、王六。

2. 导入用户

TestDirector 还提供了用户导入功能，TestDirector 管理员可以从本机用户和网络域中选择用户,导入到 TestDirector 的用户列表中。方法如下。

(1) 在图 3-24 所示的 TestDirector 管理用户页面中,单击工具栏上的 Import 按钮,系统显示本机名称和网络中的域名,单击旁边的"＋"展开其用户列表,如图 3-27 所示。

(2) 在图 3-27 所示的 Import Users 对话框中中选择需要添加的用户后,单击 OK 按钮,系统自动将用户名称添加到列表中。系统会自动获取全名和些描述信息,管理员可对这些信息进行修改和维护。

3. 修改密码

在图 3-24 所示的 TestDirector 管理用户页面中,从左侧列表中选中一个用户后,单击右侧的 Change Password 按钮,可以设定和修改一个用户的密码。此操作比较简单,在此不做演示。

注意:在新添加了一个用户以后,如果不单击 Change Password 设定密码的话,系统默认该用户的密码为空。

4. 删除用户

图 3-27　导入用户

在图 3-24TestDirector 管理用户页面中,从列表中选中一个用户后,单击工具栏上的 Delete 按钮,可以将该用户从 TestDirector 中删除。此操作比较简单,在此不做演示。

3.4　管理连接数

在图 3-3 所示的 TestDirector 的站点管理页面中,单击 Connections 选项卡,则进入管理连接数页面,如图 3-28 所示,通过该功能,可以监视连接到 TestDirector 上的用户连接情况,如哪些计算机连接到 TestDirector、哪个用户正在连接到 TestDirector、使用的哪个项目等,还可以通过该功能断开某些用户的连接。

在图 3-28TestDirector 连接页面中的内容含义如下。

(1) Domain:登录项目所属的域。

(2) Project Name:登录的项目名称。

(3) User Name:用户名。

(4) Host:用户所在的计算机名称。

(5) Login Time:用户登录时间。

(6) Last Action:用户最后操作时间。

(7) 🖼和🄣:这里用来查看用户的 License 权限,如果🄣被选中,表明用户能够使用系统的所有模块,如果🖼被选中的话,用户使用受限制的 License,只能使用默认的缺陷模块。

(8) 取消用户连接:管理员有权中止一个用户的连接,选择一条记录后,单击工具栏上的 Disconnect 按钮并确认后,该记录将从表中删除,用户连接被中断。

(9) 刷新连接信息:单击 Refresh 按钮可以刷新连接信息。

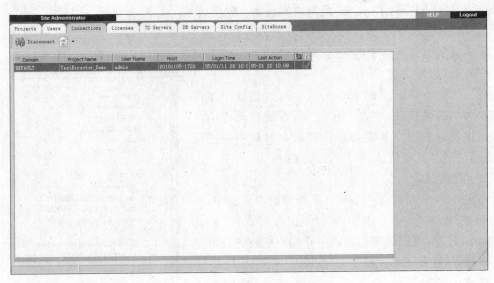

图 3-28　TestDirector 连接

3.5　管理许可证

通过该功能可以查看 TestDirector 各个 License 数量和每个模块的最大 License 数量，当有其他 HP 工具（如 WinRunner 和 QuickTest）连接到 TestDirector 时，还可以从这里查看到每个工具使用了多少个 License。

在图 3-3 所示的 TestDirector 的站点管理页面中，单击 Licenses 选项卡，进入管理许可证页面，在页面的下部，显示了系统现在使用的 License Key。单击 Modify License Key 可以更换新的 License。

3.6　管理 TestDirector 服务器

在图 3-3 所示的 TestDirector 的站点管理页面中，单击 TestDirector Servers 选项卡，则进入 TestDirector 服务器页面，如图 3-29 所示。通过该功能，可以设置 TestDirector 服务器的信息。

在图 3-29 所示的 TestDirector 服务器页面的内容含义如下。

（1）General Settings：显示 TestDirector 服务器的 IP 地址和虚拟目录的名称。

（2）配置日志文件：为了便于定位和解决系统出现的问题，TestDirector 能够把行为事件记录到日志文件中，它记录了事情发生的时间。有以下几个选项来配置日志文件。

① Log File Status：日志文件设定。TestDirector 可以创建两种形式的日志文件。

• Error：仅将所发生的错误记录到日志文件。

• Debug：将所有事件都记录到日志文件。当然，还有 None，就是不记录日志文件。

② Max. Log Lines：用于定义日志文件的最大行数。

③ Log File Location：用于定义日志文件的存放位置。

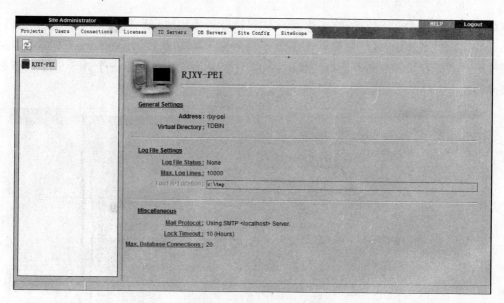

图 3-29　TestDirector 服务器

（3）配置邮件服务器：在安装 TestDirector 的时候，已选择了邮件服务器的类型和地址，在这里单击 Mai Protocol 可以在弹出的 Set Mail Protocol 对话框中重新配置或修改，如图 3-30 所示。设置了邮件服务器之后就建立了 TestDirector 和邮件服务器的连接，支持 TestDirector 的发送邮件。关于设置 TestDirector 自动发送邮件的内容详见第 9 章。

在图 3-30 所示的 Set Mail Protocol 对话框的内容含义如下。

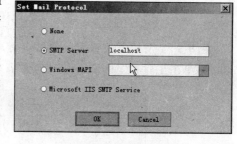

图 3-30　设置邮件协议

① 选择 None，服务器将不使用发送邮件的功能。

② 选择 SMTP Server 后输入 SMTP 邮件服务器的地址，可以使用本地网络上的邮件收发器发送邮件。

③ 如果计算机上安装了支持 MAPI 的应用，那么可以选择 Windows MAPI 发送邮件。

④ 如果在安装 IIS 的时候，还安装了 SMTP 服务，可以通过这种方式使用本机发送邮件。

（4）锁定超时时间（Locked Timeout）：TestDirector 项目被锁定的最长时间（小时）。

（5）最大数据库连接数（Max. Database Connections）：数据库能够被多个项目同时连接的最大数量。

注意：只有企业版的 TestDirector 才可以配置 TestDirector 服务器参数。

3.7　管理数据库服务器

在图 3-3 所示的 TestDirector 的站点管理页面中，单击 DB Servers 选项卡，则进入数据库服务器页面，如图 3-31 所示。通过该功能，可以设置 TestDirector 数据库服务器的信息，如数据库类型,ADO 连接串,数据库管理员和相应的密码,以及 TestDirector 用户密码等,除了数据库类型外,其他信息都可以在图 3-31 所示页面中修改。TestDirector 就是通过数据库服务器的设置和数据库进行连接的,图 3-31 所示页面中建立了一个 MS SQL 的数据库服务器。

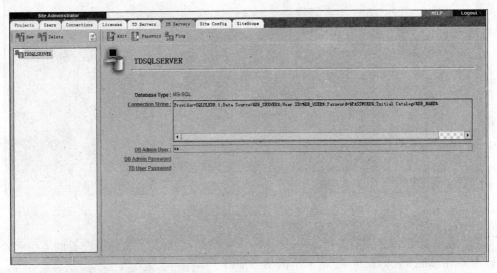

图 3-31　数据库服务器

在图 3-31 所示的数据库服务器页面中,可以新建另外的数据库服务器类型如 Oracle、Sybase,单击工具栏上的 New 按钮,弹出 Create Database Server 对话框,如图 3-32 所示。

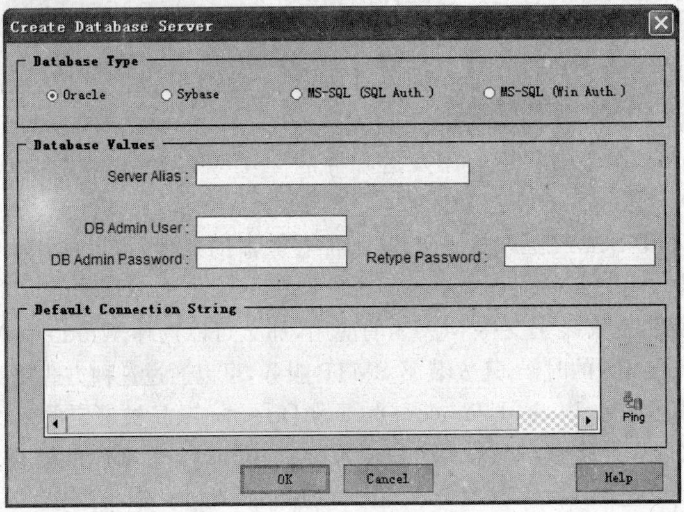

图 3-32　新建数据库服务器

在 Create Database Server 对话框中,可以选择数据库类型,但前提是相应的数据库软件已经安装,具体的安装过程请参阅相关数据库资料。需要注意的是,使用数据库时,必须要在 TD 服务器端安装相应数据库的客户端软件并且已经对客户端进行配置,关于服务器客户端配置操作详见第 2.2.3 节。

在 Create Database Server 对话框中，新建数据库服务器对话框中各内容含义如下。

(1) Server Alias：数据库客户端配置的数据库的别名。

(2) DB Admin User：数据库管理员账号。

(3) DB Admin Password：数据库管理员访问密码。

(4) Retype Password：再次输入密码。

3.8   设置 TestDirector 服务器参数配置

在图 3-3TestDirector 的站点管理页面中，单击 Site Config 选项卡，则进入站点参数页面。如图 3-33 所示，显示站点参数的信息。通过该功能，可以设置 TestDirector 站点参数的信息。

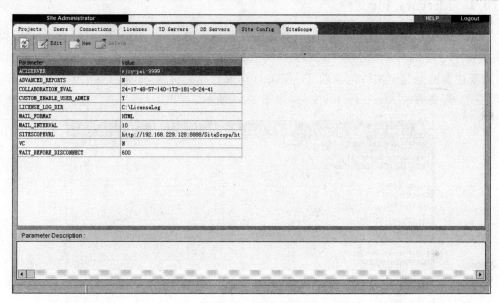

图 3-33   站点参数

在如图 3-33 所示的站点参数页面中，TestDirector 添加和配置一些系统参数，实现一些控制。用鼠标单击某个参数，在下面的参数描述中都有详细的含义说明，用户可以根据需要添加编辑和删除。以下对一些参数进行简单说明。

(1) CUSTOM_ENABLE_USER_ADMIN：如果参数值为"N"，TestDirector 用户只能通过站点管理的用户管理功能来增加；如果参数值为"Y"，TestDirector 用户也可以通过项目管理中的设置项目用户来增加。

(2) MAIL_INTERVAL：根据用户的邮件配置系统发送邮件的时间间隔。

3.9   SiteScope 简单介绍

在图 3-3TestDirector 的站点管理页面中，单击 Site Scope 选项卡，则进入 SiteScope 页面，通过该功能可监视 TestDirector 服务器的性能情况。

TestDirector 在安装中集成了 SiteScope 的安装，SiteScope 是一种为确保分布式 IT 基础部件的可用性和性能的无代理的监视解决方案。这种分布式基础部件包括服务器、操作系统、网络设备、网络服务、应用程序及应用组件。如果想详细了解 SiteScope 的功能使用，请参考相关 SiteScope 资料。

3.10 TestDirector 重要配置文件

TestDirector 是一款软件，在该软件中有很多配置文件对其产生影响，下面对 TestDirector 的一些重要的配置文件来进行讲解，让大家对 TestDirector 的配置文件有所了解。

3.10.1 Mercury.ini 文件

Mercury.ini 文件记录着 TestDirector 的一些站点的设置，包括 TestDirector 一般设置如许可证号、TestDirector 域仓库、TestDirector 虚拟目录、数据库一般设置等。在这些设置中，需要注意的是这个文件记录着 TestDirector 域仓库的位置，如果 TestDirector 域仓库位置改变了，需要修改 Mercury.ini 文件，如图 3-34 所示。

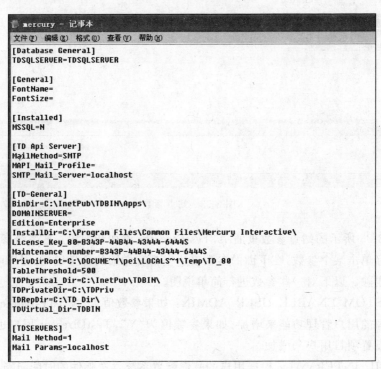

图 3-34　Mercury 文件

3.10.2 Dbid.ini 文件

Dbid.ini 文件是 TestDirector 中所添加的项目的配置文件。该文件记录项目所使用的数据库类型、创建项目时间、项目名称、数据库名称、域名称以及数据库服务器等信息。在这些设置中，需要注意的是记录着项目所存放的数据库服务器，如果 TestDirector 数据库服务器改变了,需要修改项目中的 Dbid.ini 文件,如图 3-35 和图 3-36 所示。

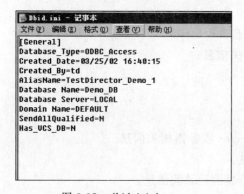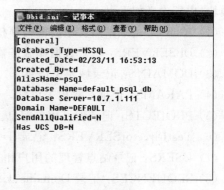

图 3-35 dbid.ini-Access　　　　　　　　　　　　图 3-36 dbid.ini-MSSQL

(1) 图 3-35 所示的配置文件表明该项目数据库类型为 Access。

(2) 图 3-36 所示的配置文件表明该项目数据库类型为 MSSQL。

3.10.3 Doms.mdb 文件

Doms.Mdb 文件是 TestDirector 非常重要的一个文件。该文件记录着站点管理中各个功能模块设置的信息,如果 TestDirector 服务迁移到其他计算机上,则需要修改该文件。该文件位置默认情况下是在＜system driver＞:\Program Files\Common Files\Mercury Interactive\Domsinfo,如系统盘安装在 C 盘,则如图 3-37 所示。

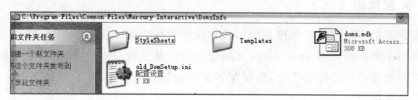

图 3-37 Doms 文件位置

找到该文件,双击打开 Doms.mdb 文件,弹出"要求输入密码"对话框,如图 3-38 所示,输入文件的密码为 tdtdtd,单击"确定"按钮,打开 Doms 文件,如图 3-39 所示。

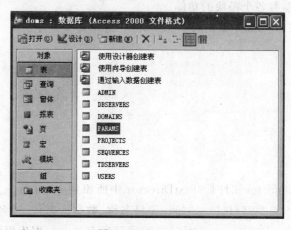

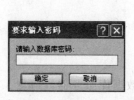

图 3-38 输入密码　　　　　　　　　　　　图 3-39 Doms 文件

在如图 3-39 所示的 Doms 文件窗口中存有多张表,这些表对应到站点管理中的各个功能模块,内容含义如下。

(1) Admin:记录站点管理员密码等相关信息。

(2) DBSERVERS:记录数据库服务器的相关信息。

(3) DOMAINS:记录域相关信息。

(4) PARAMS:记录参数相关信息。

(5) PROJECTS:记录项目相关信息。

(6) TestDirectorSERVERS:记录 TestDirector 服务器相关信息。

(7) USERS:记录站点管理的用户相关信息。

(8) SEQUENCES:记录 Domains、Users 等表的记录数信息。

3.11 同 步 训 练

3.11.1 实验目标

站点管理的设置。

3.11.2 前提条件

已正确安装 TestDirector。

3.11.3 实验任务

(1) 创建域名、项目"学生管理系统",项目使用数据库为 Access。

(2) 参照本章讲解理解 TestDirector 域仓库的目录结构,并自己画出目录结构。

(3) 打开创建项目的配置文件,理解配置文件内容含义。

(4) 非激活项目。

(5) 将项目先移除再恢复项目到列表。

(6) 依据附录 A 中的项目用户,创建站点用户。

(7) 熟悉站点管理中连接、许可证、TestDirector 服务器管理、数据库服务器管理、站点配置参数各个模块的功能。

(8) 参照本章讲解熟悉 Doms.mdb 文件中各表。

第4章 TestDirector 项目自定义管理

上一章已经对 TestDirector 的站点管理进行了简单的介绍,相信大家对 TestDirector 站点管理有了简单的认识。这一章主要针对 TestDirector 的项目自定义管理内容进行讲解,如果身为 TestDirector 的项目自定义管理员,则会使用到这个模块。

本章讲解的主要内容如下:

(1) 项目自定义管理概述;

(2) 管理项目用户;

(3) 管理用户组及权限;

(4) 自定义项目信息;

(5) 设置邮件配置;

(6) 设置可追溯性跟踪规则;

(7) 设置工作流。

4.1 项目自定义管理概述

TestDirector 除了可以管理站点,TestDirector 还提供了对每个项目的自定义管理功能即对项目的基本信息进行设置的过程。下面介绍 TestDirector 8.0 的项目自定义管理。本章内容的理论知识都以第 2 章介绍的学生信息管理系统为案例来讲解理论内容,关于该项目的基本要求见附录 A。

4.1.1 项目自定义管理启动

(1) 打开浏览器,输入 TestDirector 的 URL 为 http://[TestDirector Server Name or IP address]/[virtual directory name]/default.htm,按 Enter 键后,显示 TestDirector 首页,如图 4-1 所示。

图 4-1 TestDirector 首页

（2）在图 4-1 所示的 TestDirector 首页中，单击 TestDirector 超链接，进入项目登录页面，如图 4-2 所示。

图 4-2　TestDirector 项目登录

（3）在图 4-2 所示的 TestDirector 登录页面中，单击页面右上角的超链接 CUSTOMIZE，系统打开项目自定义管理的 Login（登录）对话框，如图 4-3 所示。

在图 4-3 所示 TestDirector 登录页面中的操作如下。

① 在 Domain 中选择项目所属的域 STUDENTMANAGE。

② 在 Project 中选择要管理的项目 stumanage。

③ 在 User ID 和 Password 中分别输入用户名 admin 和密码，密码为空。

④ 在图 4-3 所示的 TestDirector 自定义登录对话框中，单击 OK 按钮，进入 PROJECT CUSTOMIZATION（项目自定义管理）页面如图 4-4 所示，在该页面可以针对所选的项目进行管理。

图 4-3　TestDirector 自定义登录

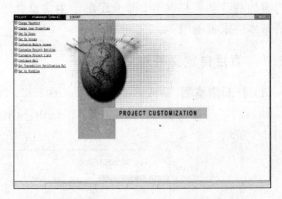

图 4-4　TestDirector 自定义登录页面

4.1.2　更改初始密码和信息

（1）更改密码。在图 4-4 所示的项目自定义管理页面中，单击 Change Password 按钮就可以从弹出的 Change Password for[admin]对话框中修改密码，如图 4-5 所示。

（2）更改信息。在图 4-4 所示的项目自定义管理页面中，单击 Change User Properties 超链接，弹出 Properties of[admin]对话框，在其中可修改个人信息，如图 4-6 所示.。修改个人信息后，单击 OK 按钮即可保存。

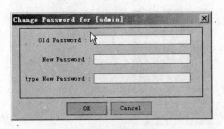

图 4-5 修改密码

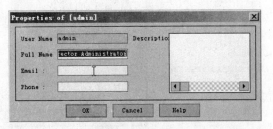

图 4-6 修改属性

4.2 管理项目用户

　　每一个项目都会有自己的用户,这些用户来源于 TestDirector 的站点用户列表,在 TestDirector 中的每一个用户都必须属于一个用户组,所谓用户组就是指一些具有相同权限的用户集合,每个组中的用户具有相同的组权限,一个用户可以属于不同的用户组,这样这个用户的权限就是两个集合的并集。关于用户组的详细信息参见第 4.3 节内容。

　　项目自定义管理员在如图 4-4 所示的项目自定义管理页面中,单击 Set Up Users 超链接,可以对项目的用户进行管理,如图 4-7 所示。

4.2.1 添加项目用户

　　在图 4-7 所示的项目用户管理页面中,对话框左侧的 Project Users 列表中列出了项目的现有用户,如果要增加新的用户,单击 Add User 按钮,弹出 Add User to Project(增加新项目用户)对话框,如图 4-8 所示。

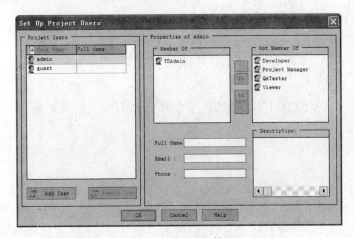

图 4-7 项目用户管理

图 4-8 项目添加用户

　　在图 4-8 所示的对话框中显示的用户都是不属于这个项目 TestDirector 的站点用户,在对话框中可以选择一个或多个用户,单击 OK 按钮,将用户加入到项目用户列表中。

　　在图 4-8 所示的对话框中如果显示 New 按钮,可以通过单击 New 按钮在弹出的 New User(新建用户)对话框,如图 4-9 所示。在图 4-9 所示的对话框中输入用户账户和其他信息,这种方式建立的用户实质是给 TestDirector 建立了一个站点用户。

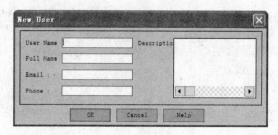

图 4-9 新建项目用户

4.2.2 添加 stumanage 项目用户

根据附录 A 中的项目的基本需求,添加项目 stumanage 用户。

在图 4-8 所示的对话框中,选择张三、刘五、李四、王六(按 Ctrl 键)之后,单击 OK 按钮,则将张三、刘五、李四、王六添加到项目 stumanage 中,如图 4-10 所示。

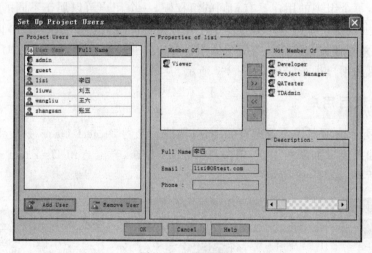

图 4-10 项目用户

注意:New 按钮是否可用是由 CUSTOM_ENABLE_USER_ADMIN 参数设定的,具体设定过程参见第 3.8 节的内容。

4.2.3 指定用户所属的组

在 Setup Project User 对话框的右侧,显示了用户的详细信息和所属的组,如 admin 用户是属于 TestDirectorAdmin 这个组中的,可以通过点选对话框中的左右箭头按钮为用户选择一个或多个组,还可以在第 4.3 节中设置组中成员,当前暂不设定项目 stumanage 中用户所属组。

4.2.4 查看和修改用户信息

在 Setup Project User 对话框的右下角,还显示了用户的一些详细信息,如 Full Name、电话号码等。通过点选不同的用户,大家会发现,有些用户信息是可以修改的,而有些用户信息是不能修改的,这是为什么呢?

原因是每个 TestDirector 项目在创建的时候都包含了两类默认的用户：管理员 admin 和客人 guest，分别属于 TestDirectorAdimin 和 Viewer 两个组，这两类用户的属性信息必须在 Setup Project Users 对话框中修改，而不能在 Site Administrator 中修改。相反其他用户的属性信息是要在 Site Administrator 中来维护的。

4.2.5 从项目中删除用户

选中一个用户，在 Setup Project User 对话框中单击 Remove Users 按钮并确认就可以了。

4.3 管理用户组及权限

TestDirector 从权限的角度考虑定义了用户组的概念，每个用户必须属于一个或多个用户组，用户的权限是由所在的组定义的。

TestDirector 系统预定义了 5 个默认的组即系统组，每个组执行不同的权利。这 5 个组的相应权限是不能更改的。

（1）TestDirectorAdmin：属于该组的用户具有 TestDirector 的全部权利，可以进行任何操作。

（2）Project Manager：可以管理需求、计划、执行和权限的整个过程的任何操作，还拥有一些其他的管理权限。

（3）QATest：和 Project Manager 权限相似，只是在管理权限上稍少些。

（4）Developer：在测试计划、测试执行中权限较少，只有修改权限。

（5）Viewer：在整个项目中只有查看的权限。

如果默认的组不能满足一个项目的要求，TestDirector 还允许项目自定义组，在指定一组特定权限的同时，还可以指定该组的用户可以访问的 TestDirector 的某些模块。针对项目 stumanage 在此不采用系统组。

4.3.1 增加用户组

（1）在如图 4-4 所示的项目自定义管理页面中，单击 Set Up Group 超链接，弹出 Set Up Groups（设置组）对话框，如图 4-11 所示。

在如图 4-11 所示的 Set Up Groups 对话框中的内容含义如下。

① Groups：当前项目中添加的组。

② In Groups：当前选中组中的用户。可通过左右箭头修改组中的用户。

③ Not in Groups：不在当前选中组的用户。

（2）在如图 4-11 所示的 Set Up Groups 对话框中，单击 New 按钮，打开 New Group（新建组）对话框，如图 4-12 所示。

New Group 对话框的项目含义如下。

① 在 Name 文本框中输入新建组的用户名。

② 在 Create As 下拉列表中选择一个和要创建的组权限接近的组，TestDirector 这样设定的目的是使组创建过程简化，将已有权限赋予新组。

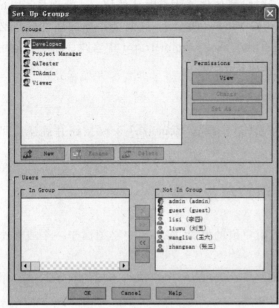

图 4-11　用户组管理　　　　　　　　　　图 4-12　新建组

(3) 单击 OK 按钮,系统开始创建新的用户组。

4.3.2　将已有权限赋予新组

在如图 4-11 所示的 Set Up Groups 对话框中,选中某个新建的组,单击 Set As 按钮,弹出 New Group(新组)对话框,如图 4-12 所示,操作参考第 4.3.1 节中的步骤(2)。

4.3.3　添加 stumanage 项目组

为了演示添加组,项目 stumanage 不使用系统组。根据附录 A 中的项目的基本需求,添加 3 个组,STUDeveloper 对应开发人员、STUTester 对应测试人员、STUTest Manager 对应测试经理,操作步骤如下。

(1) 在图 4-12 所示的 New Group 对话框中,输入组名 STUDeveloper,Create AS 中选择 Developer,单击 OK 按钮,系统弹出消息对话框,如图 4-13 所示,单击 Yes 按钮,系统开始创建组。

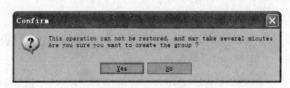

图 4-13　新建组确认

(2) 在图 4-12 所示的 New Group 对话框中,输入组名 STUTester,Create As 中选择 QATester,单击 OK 按钮。操作同上。

(3) 重复第(2)步,新建一个名为 STUTest Manager 的组。

4.3.4 设定组操作使用权限及成员

新的用户组添加完毕以后，就要设定它的权限。在设定之前首先查看一下组的权限。

在如图 4-11 所示的 Set Up Groups 对话框中，选择刚刚创建的用户组 STUDeveloper，单击 View 按钮，弹出 Permission Settings For STUDeveloper Group 对话框，如图 4-14 所示。

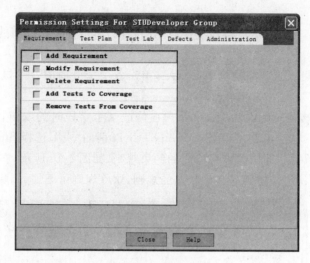

图 4-14　查看组权限

可以看到，在 Permission Settings For STUDeveloper Group 对话框中，所有的选择框都是只读的，不能修改，如果要修改一个组的权限，必须在 Set Up Groups 对话框中，单击 Change 按钮，此时弹出的 Permission Settings For STUDeveloper Group 对话框，如图 4-15 所示，在 Permission Settings For STUDeveloper Group 对话框中，各任务选项前复选框处于可修改状态，如果要让组 STUDeveloper 具有某个任务权限，只需选中相应的任务选项就可以了。

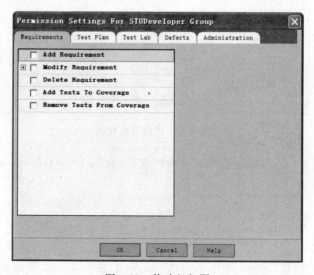

图 4-15　修改组权限

在图 4-15 所示的对话框中的各个选项卡 Requirements、Test Plan、Test Lab、Defects

分别对应 TestDirector 项目过程管理中的 4 个模块,关于该 4 个模块使用在后续章节详细介绍。

(1) Requirements:可设置测试需求模块中的权限,单击各个任务前的"+"显示各个任务下的内容字段。

(2) Test Plan:可设置测试计划模块中的权限,单击各个任务前的"+"显示各个任务下的内容字段。

(3) Test Lab:可设置测试实验室模块中的权限,单击各个任务前的"+"显示各个任务下的内容字段。

(4) Defects:可设置缺陷模块中的权限,单击各个任务前的"+"显示各个任务下的内容字段。

(5) 设置字段转换规则:为了约束用户在修改某个字段时的取值,可设置某个字段转换规则。以 Defects 选项卡为例,单击 Modify Defect 前的"+",选择 Status 字段,可设置缺陷状态字段的转换规则,即修改该字段时的约束规则,如图 4-16 所示,右侧列表中显示该状态字段只能从一种状态转换到另一种状态的规则,这些规则可添加、删除、修改。

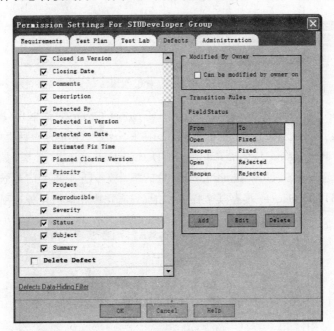

图 4-16　字段转换规则

组的权限设定好后,可以设置属于该组的成员,在 Set Up Groups 对话框中,可以通过选择左右箭头按钮为组设置成员。

4.3.5　设定 stumanage 组权限及成员

根据附录 A 中的项目的基本需求表中的模块内任务具体权限要求,设定刚添加的 3 个组 STUDeveloper、STUTester、STUTest Manager 权限。操作步骤如下。

(1) 在图 4-11 所示的用户组管理对话框中,选中组 STUDeveloper,单击 Change 按钮,如图 4-17 所示,将 Modify Requirements 前复选框勾去掉。

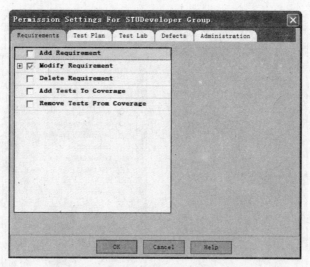

图 4-17　修改需求权限

（2）在图 4-17 所示的对话框中，单击 Test Plan 选项卡，设置权限，如图 4-18 所示，取消选择 Modify Test、Modify Design Step、Modify Folders 复选框。

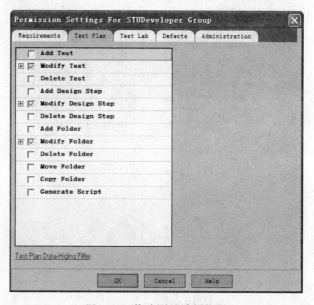

图 4-18　修改测试计划权限

（3）设置 Test Lab 选项卡中权限，取消选择所有复选框，不再赘述。

（4）在图 4-17 所示的对话框中，单击 Defects 选项卡，设置权限，如图 4-19 所示，取消选择 Add Defects 复选框，即不能添加缺陷，只能修改缺陷。

（5）在 Defects 选项卡，单击 Modify Defect 前的"＋"，选择 Status 字段，可设置缺陷状态字段的转换规则，即修改该字段时的约束规则，如图 4-21 所示，右侧列表中显示了该状态字段只能从一种状态转换到另一种状态的规则。

（6）组 STUDeveloper 设定好权限后，设定组成员，将张三、刘五添加到该组。

图 4-19 修改缺陷权限

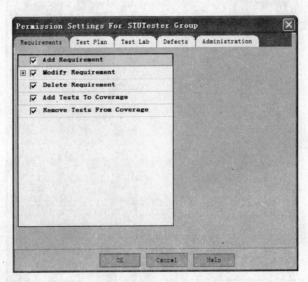

图 4-20 修改需求权限

(7) 选中组 STUTester,单击 Change 按钮,如图 4-20 所示,Requirements 选项卡中取消选择所有复选框,不再赘述。

(8) 设定 Test Plan 选项卡,取消选择所有复选框。不再赘述。

(9) 设定 Test Lab 选项卡,默认当前设置。

(10) 设定 Defects 选项卡,默认当前设置。

(11) 在 Defects 选项卡,单击 Modify Defect 前的"+",选择 Status 字段,设置缺陷状态字段的转换规则,即修改该字段时的约束规则,添加约束规则 fixed|closed。

图 4-21 字段转换规则

(12) 组 STUTester 设定好权限后,设定组成员,将李四设置到该组。

(13) 选中组 STUTest Manager,单击 Change 按钮,设定权限,将 Requirements 选项卡、Test Plan 选项卡、Test Lab 选项卡、Defects 选项卡中所有的复选框都选择,即所有权限都有,设定 Defects 选项卡中的字段转换规则,单击 Modify Defect 前的"+",选择 Status 字段,设置缺陷状态字段的转换规则,即修改该字段时的约束规则,添加约束规则 Rejected|new。

(14) 组 STUTest Manager 设定好权限后,设定组成员,将王六设置到该组。

4.3.6 设定组数据筛选过滤

在设定权限的时候,TestDirector 还提供了一个功能,就是可以对数据进行过滤筛选(针对测试计划、测试执行和缺陷跟踪 3 个模块),让不同的用户组看到表格中不同的数据字段和数据记录。

比如,让某个组查看缺陷报告中的状态为 Fixed 的数据,且只能看到 Assigned To、Description 字段,可以这样设置,步骤如下。

(1) 在图 4-15 所示的修改权限对话框中,单击 Defect 选项卡,然后单击对话框左下角的 Defects Data-Hiding Filter 超链接,打开 Defects Data-Hiding Filter 对话框,如图 4-22 所示。

(2) 在图 4-22 所示的对话框中,单击 Filter 选项卡,单击 Field Name 为 Status 的 Filter Condition 字段,这时字段中出现一个浏览按钮 ┄ ,单击该按钮,弹出 Select Filter Condition 对话框,如图 4-23 所示。

(3) 在 Select Filter Condition 对话框的状态列表中单击 Fixed 后,单击 OK 按钮,系统会将刚才的状态字段添加到图 4-22 所示的列表中的 Filter Condition 中,如图 4-24 所示。

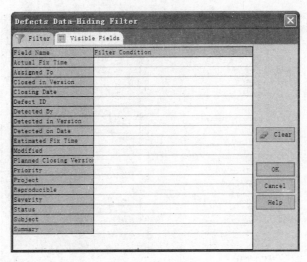

图 4-22　数据过滤

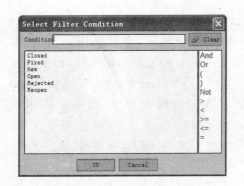

图 4-23　过滤条件

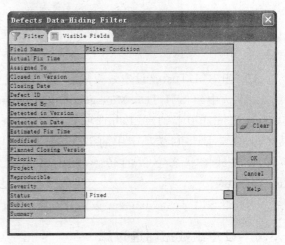

图 4-24　数据过滤条件

（4）要设置所显示的字段，只需在 Visible Fields 选项卡中选择要显示的字段就可以了，如图 4-25 所示。

这样，该组中的用户在查看缺陷记录时，只能看到 Assigned to、Description 字段，且只能看到状态为 Fixed 的记录。

注意：系统自带的默认的用户组权限只能查看，不能修改。

4.3.7　设定 stumanage 组数据过滤

根据附录 A 中的项目的基本需求表中的"数据过滤"要求，设定刚添加的 3 个组 STUDeveloper、STUTester、STUTest Manager 数据过滤。操作步骤如下。

（1）选中组 STUDeveloper，单击 Change 按钮，单击 Defects 选项卡，单击对话框左下角的 Defects Data-Hiding Filter 超链接，打开 Defects Data-Hiding Filter 对话框，如图 4-26 所示。

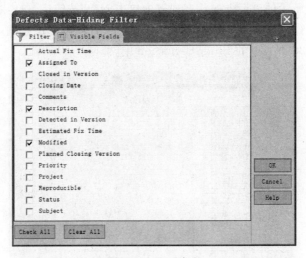

图 4-25　显示字段

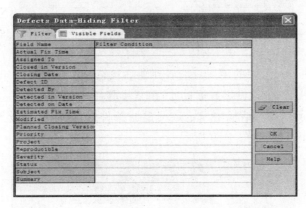

图 4-26　显示字段

（2）在图 4-26 所示的对话框中，单击 Filter 选项卡，单击 Field Name 为 Status 的 Filter Condition 字段，这时字段中出现一个浏览按钮，单击该按钮，打开 Select Filter Condition 对话框，如图 4-27 所示。

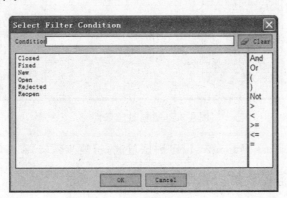

图 4-27　过滤条件

（3）在图 4-27 所示的对话框的状态列表中单击 New 按钮后，单击右侧的 Or，单击状态列表中 Open，单击右侧的 Or，单击状态列表中 Reopen，单击 OK 按钮，系统会将刚才的状态字段添加到图 4-26 列表中的 Filter Condition 中，如图 4-28 所示。

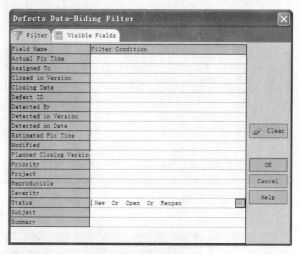

图 4-28　数据过滤条件(1)

（4）组 STUDeveloper 中的用户只能看到缺陷状态为 New、Open、Reopen 数据记录。

（5）选中组 STUTester，设定数据过滤，重复步骤(1)和步骤(2)。

（6）在图 4-27 所示的对话框中设定数据过滤条件时，缺陷状态设置 New Or Rejected Or Fixed Or Closed 即可，如图 4-29 所示。

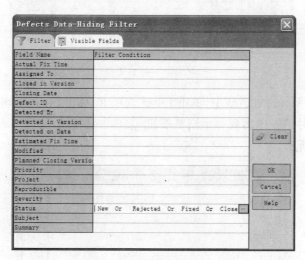

图 4-29　数据过滤条件(2)

（7）选中组 STUTest Manager，设定数据过滤，重复步骤(5)和步骤(6)。

4.3.8　设定用户组模块访问权限

作为项目自定义管理员，可以为用户组设定不同的访问 TestDirector 模块的权限，TestDirector 提供了两种类型的模块访问权限。

（1）TestDirector License：具有 TestDirector License 的用户组成员可以查看和使用项目中的所有模块。

（2）Defects Module License：具有 Defects Module License 的用户组成员只能查看和使用项目中的缺陷管理模块。

为用户组设置模块访问权限的步骤如下。

（1）在如图 4-4 所示的项目自定义管理页面中，单击 Customize Module Access 超链接，打开 Customize Module Access 对话框，如图 4-30 所示。

在 Customize Module Access 对话框中的各内容含义如下：对话框中显示了当前项目中所有用户组的权限情况，其中√标记表示用户组能够访问的模块，而×标记表示用户组不能访问的模块。对话框中，Developer 用户组被授予 TestDirector License，该组中的用户能够查看和使用需求管理、测试计划、测试执行和缺陷管理的所有模块，如果组被授予 Defects Module License，则该组中的用户只能查看和使用缺陷管理模块。

图 4-30　模块访问

（2）要设定一个用户组的访问权限，只需在列表中单击该组对应的√或×标记就可以进行访问权限的切换了。

4.3.9　设定 stumanage 组模块访问权限

根据附录 A 中的项目的基本需求表中的模块内任务具体权限"要求，设定刚添加的 3 个组 STUDeveloper、STUTester、STUTest Manager 访问模块。步骤如下。

（1）根据项目基本需求，则开发组 STUDeveloper 各个模块都可以使用，在图 4-30 所示的对话框中不需要设定。

（2）测试组 STUTester、STUTest Manager 各个模块都可以使用，在图 4-30 所示的对话框中不需要设定。

4.4　自定义项目信息

不同的项目有不同的需求，TestDirector 为了适应不同需求的项目，允许一个项目定制自己的显示内容。

例如在缺陷记录表中，系统提供了一些常用的默认字段，但是测试人员在测试时十分关注发现缺陷时计算机的测试环境及所使用的操作系统，这时就可以在缺陷记录表中增加一个 Operating System 的字段，并为这个字段定义相应的下拉列表内容如 Windows 2000、Windows 2003 等，这样在测试人员添加缺陷记录时，就会选择相应的操作系统类型添加到记录中。

要自定义当前项目内容，可以在图 4-4 所示的项目自定义管理对话框中，单击

Customize Project Entities 超链接,弹出 Customize Project Entities(自定义项目实体)对话框,如图 4-31 所示。

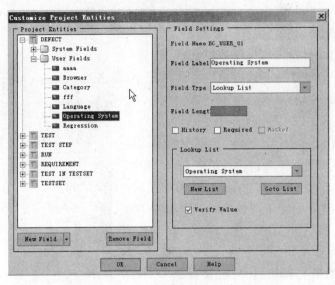

图 4-31　自定义字段

4.4.1　自定义项目实体字段

在 Customize Project Entities 对话框中,左侧以树状结构列出了项目中的所有实体,关于实体说明见表 4-1,每个实体其实就是一个表,它的字段包括两大部分,其中 System Fields 部分表示系统自带的默认字段,而 User Fields 部分是由用户根据自己的需要自定义的字段。TestDirector 不允许增加和删除系统默认字段,但是可以根据需要更改 Label 等属性信息。

表 4-1　实体说明

实 体 名 称	说　　明
DEFECT	缺陷模块
TEST	测试计划模块中的测试用例
TEST STEP	测试计划模块中的测试用例步骤
RUN	测试实验室模块测试用例运行
REQUIREMENT	需求模块
TEST IN TEST SET	测试实验室模块测试集中的测试用例
TESTSET	测试实验室模块测试集

要增加自定义项目实体字段,只需在树状结构中将光标移到相应实体的 User Fields 上,然后单击 New Field 按钮,页面右侧出现要增加字段的标签和字段类型,如图 4-32 所示。

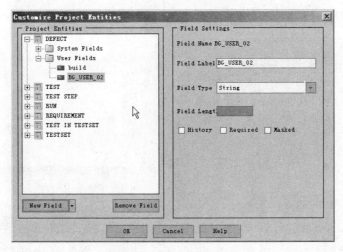

图 4-32　增加自定义字段

（1）Field Type：自定义字段的类型。有如下几种。

① Number：字段内容为数字型。

② String：字段内容为字符串型。

③ Lookup List：从用户自定义类型列表中选择字段内容。

④ User List：从项目用户列表中选择字段内容。

⑤ Date：字段内容为日期型。

（2）Field Length：字段长度。

（3）History：记录该字段的历史修改信息。

（4）Required：该字段内容为必填项，否则系统会弹出错误提示信息。

（5）Masked：定义该字段的输入格式。

可以根据需要选择相应的类型。当选择 Lookup List 类型时，在对话框右下部会自动显示预先定义的列表，可以从中选择一个符合要求的列表，如果想要定义的列表不在下拉列表里，可以单击 New List 进行创建，还可以在项目自定义管理页面中通过单击 Customize Project List 超链接进行列表的维护和创建，详细信息见以下内容。

4.4.2　自定义字段列表内容

创建自定义实体字段的列表内容，在 Customize Project Entities 对话框中，当自定义的字段类型为 Lookup List 时，需要设定字段的列表内容。自定义字段列表内容有两种方法，一种是单击 Customize Project Entities 对话框中的 New List，弹出 Customize Project Lists（自定义列表）对话框，如图 4-33 所示，输入列表名称，然后可以添加列表的内容，单击 New Item 按钮，就会弹出 New Item（新列表项）对话框，如图 4-34 所示，输入列表项即可。如果要在当前列表项下增加子项，可单击 New Sub-Item 按钮，输入内容后，则成功添加子项；另一种方法是在图 4-4 所示的项目自定义管理页面中，单击 Customize Project Lists 超链接，弹出 Customize Project Lists 对话框，如图 4-33 所示。

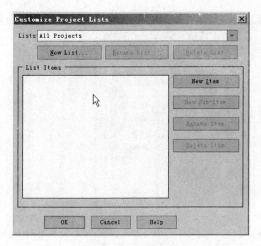

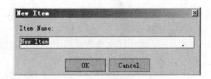

图 4-33　自定义列表　　　　　　　　　　图 4-34　自定义列表项

4.4.3　自定义 stumanage 项目字段及列表内容

根据附录 A 中的项目的基本需求表中的"TestDirector 各模块显示的内容"要求,自定义项目缺陷字段 browser 并设置字段列表内容。操作步骤如下。

(1) 在 Customize Project Entities(自定义项目实体)对话框中,找到对应缺陷模块的实体 DEFECT,单击 DEFECT 前的 ➕,单击 User Fields 按钮,如图 4-35 所示。

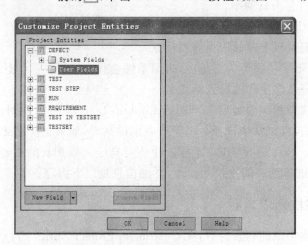

图 4-35 自定义字段

(2) 在图 4-35 所示的 Customize Project Entities 对话框中,单击 New Field,右侧显示该字段其他信息,Field Lable 输入 Browser,Filed Type 中选择 Lookup List 类型,选中 Required 复选框,如图 4-36 所示。

(3) 在图 4-36 所示的 Customize Project Entities 对话框中,单击 New List 按钮,弹出 Customize Project Lists 对话框,如图 4-37 所示。输入列表名 browser,单击 New Item 按钮,添加列表内容,单击 OK 按钮返回,在图 4-36 所示的 Customize Project Entities 对话框中,单击 OK 按钮,完成自定义字段及字段内容。

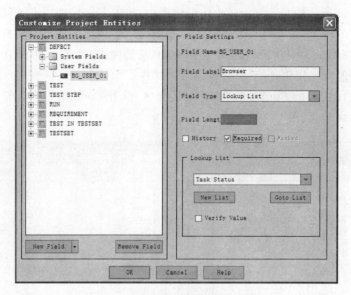

图 4-36 增加字段

图 4-37 自定义列表内容

4.5 设置邮件配置

TestDirector 具有自动和手动向相关人员发送邮件的功能,但是对于项目组中的不同人员,希望收到邮件的条件和内容是不同的,一个测试人员增加了一个缺陷以后,可能希望这个缺陷状态改变的时候收到一封邮件通知他;而开发人员则希望在一个缺陷指定他修改的时候通知他。这样,TestDirector 允许对项目邮件自动发送的条件和内容进行定制,方法如下。

(1) 在如图 4-4 所示的项目自定义管理页面中,单击 Configure Mail 超链接,弹出 Configure Mail(配置邮件)对话框,如图 4-38 所示。

（2）在图 4-38 所示的 Configure Mail 对话框中，单击 Fields 选项卡，可以选择哪些字段的状态发生改变的时候，系统自动发送邮件。左侧列表中列出了缺陷模块所有的字段，右侧列表中选择了 Assigned to 和 Status 两个字段，也就是说，当缺陷记录表中 Assigned to 和 Status 两个段的值发生变化时，系统会自动发送邮件。

（3）在图 4-38 所示的 Configure Mail 对话框中，单击 Condition 选项卡，可以为每个人定制收到的邮件内容，如图 4-39 所示。

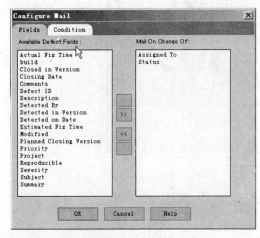

图 4-38　配置邮件

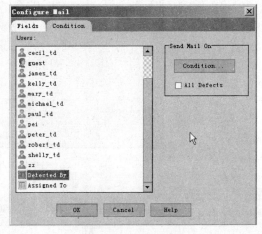

图 4-39　过滤邮件

例如：让所有添加缺陷的人，在他所添加的缺陷状态变为 Reopen 的时候，收到一封邮件通知，可以这样设定。

（4）在图 4-39 所示的对话框中的 Users 列表中选择 Detected by，单击图 4-39 所示的对话框右侧的 Condition 按钮，在系统打开的 Filter 对话框中，将所选 Status 字段的 Filter Condition 设为 Reopen 并单击 OK 按钮就可以了，如图 4-40 所示。

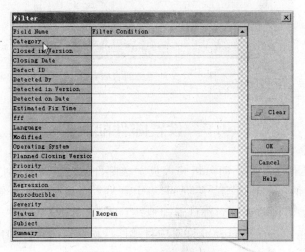

图 4-40　过滤邮件条件

stumanage 邮件配置如下。

按照附录 A 中的项目的基本需求表中的自动发送邮件条件、设置接收邮件过滤的具体要求进行邮件设置。操作步骤如下。

(1) 根据要求邮件自动发送邮件条件为缺陷状态发生变化，则将缺陷状态字段 Status 添加至右侧，如图 4-41 所示。

(2) 在图 4-41 所示的 Configure Mail 对话框中，单击 Condition 选项卡，设置所有测试人员收到邮件内容，如图 4-42，Users 列表中选中 Detected By，单击右侧的 Condition 按钮，弹出 Filter 对话框，将所选 Status 记录的 Filter Condition 设为 Fixed 或 Rejected，如图 4-43 所示。

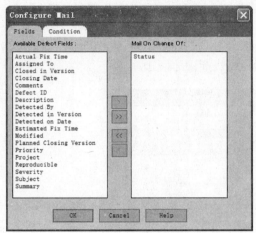

图 4-41　配置邮件

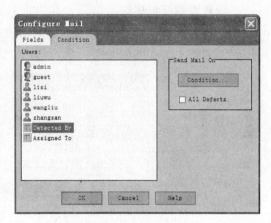

图 4-42　过滤邮件

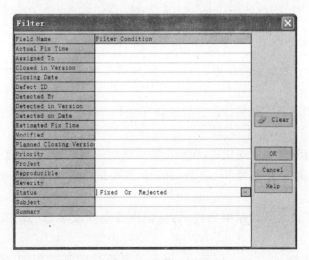

图 4-43　过滤邮件条件

(3) 设置开发人员邮件内容，如图 4-42 所示，Users 列表中选中 Assigned To，单击右侧的 Condition 按钮，弹出 Filter 对话框，将所选 Status 记录的 Filter Condition 设为 New、Open 或 Reopen。

4.6 设置跟踪警告规则

TestDirector 能够使在整个测试过程中保持测试需求、测试用例和缺陷跟踪的一致性。即当一个实体发生变化时,可以标记出受到影响的实体,从而保持一致。

TestDirector 可以通过设置跟踪规则来实现一致性,跟踪规则是在需求、测试用例和缺陷之间建立关联的基础上的。当建立好关联后,就可以通过这些关联来跟踪发生的变化。当一个实体改变后,TestDirector 就会标记出并通知由于这个实体改变受到影响的关联的实体。

1. 设置跟踪警告规则

在如图 4-4 所示的项目自定义管理页面中,单击 Set Traceability Notification Rules 超链接,弹出 Set Traceability Notification Rules 对话框,如图 4-44 所示。

图 4-44　设置跟踪规则

(1) 选择 Active:激活警告规则。当某个实体改变时通知 TestDirector 标记出受影响的关联实体。

(2) 选择 E-mail。当某个实体改变时通知 TestDirector 发送邮件给关联实体的相应负责人。

第 1 条规则:当测试需求变化后,标记出需要跟踪的测试用例,只通知需求设计者。

第 2 条规则:当缺陷状态为 Fixed 后,标记出需要进行返测的测试用例,通知执行测试人员。

第 3 条规则:当测试用例返测通过后,标记出需要修改状态的缺陷,并通知相应开发人员。

第 4 条规则:当测试需求变化后,标记出需要跟踪的测试用例,通知项目中所有的用户。

2. 查看所有跟踪警告

在 TestDirector 工具栏上,单击 Trace All Changes 按钮，打开 Trace All Changes 对话框,如图 4-45 所示。

TestDirector 就会显示所有的需要跟踪的测试用例、执行的测试用例、缺陷,可以单击

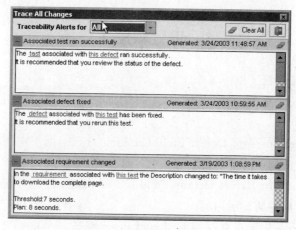

图 4-45　查看跟踪规则

某个超链接,TestDirector 会高亮显示该项内容,对于如何跟踪具体的某项内容例如测试用例,后续章节会进行详细介绍。

注意:TestDirector 8.0 中必须先建立测试需求、测试用例、缺陷之间的关联后,TestDirector 才能跟踪警告,标记出受影响的实体。

4.7　设置缺陷工作流

使用 TestDirector 的缺陷工作流机制,可以通过创建 Visual Basic 脚本来控制添加和跟踪缺陷的流程,在添加缺陷对话框中,可以控制一些字段是否可用。例如,希望不同的用户在添加缺陷的时候,在添加缺陷对话框中显示不同的字段,这就需要使用缺陷工作流来完成。

要设定缺陷工作流,在项目自定义管理页面中单击 Set Up Workflow 超链接,打开对话框如图 4-46 所示。

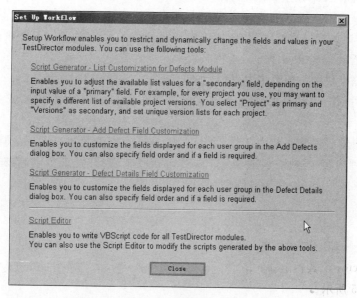

图 4-46　缺陷工作流

4.8　设置缺陷工作流

定制缺陷工作流包括了以下 4 个工具。

（1）Script Generator-List Customization for Defects Module：用于定制字段间的关联关系。

（2）Script Generator-Add Defect Field Customization：用于定制不同组的用户添加缺陷时，在增加缺陷对话框中的显示内容。

（3）Script Generator-Defect Details Field Customization：用于定制不同组的用户添加缺陷时，在详细对话框中的显示内容。

（4）Script editor：用于查看或编辑 Visual Basic 脚本。

4.9　同　步　训　练

4.9.1　实验目标

项目管理的设置。

4.9.2　前提条件

成功建立项目"学生管理系统"。

4.9.3　实验任务

（1）使用管理员成功登录到上一章新建的项目"学生管理系统"中。

（2）熟悉新建的项目中默认的用户有哪些？默认的组有哪几个？

（3）依据附录 A 给该项目添加项目用户。

（4）新建一个用户组 new tester，分配权限如下：需求模块不能使用，测试计划模块所有权限都有，测试执行模块权限都有，缺陷模块只能增加、修改缺陷，不能删除缺陷，并且该组用户只能查看缺陷为 new 和 fixed 的记录。

（5）在缺陷模块中添加缺陷时，增加如下字段。

操作系统，操作系统的值从下拉列表中选择 Windows、Linux、UNIX 或 MacOS，且必须是列表中的值。

（6）设置自动触发发送邮件条件：当字段 status 字段值发生变化时，自动发送邮件，测试人员定制邮件内容，当缺陷状态变为 Fixed 时接收邮件；开发人员定制邮件内容，当缺陷状态变为 Open 或 Reopen 时接收邮件。

第5章 测试需求管理

前面几章,已经通过使用 TestDirector 的站点管理和项目管理模块对项目做了基本的设置,下面就可以使用 TestDirector 来管理整个测试过程中各个阶段相应的成果信息,在此先介绍需求管理。

本章讲解的主要内容如下:

(1) 启动测试过程管理;

(2) 测试过程管理主窗口;

(3) 测试过程管理工具栏;

(4) 需求管理概述;

(5) 需求管理各种视图;

(6) 需求管理的维护;

(7) 分析需求。

5.1 启动测试过程管理

如果想使用 TestDirector 来管理整个测试过程中各个阶段相应的成果信息,必须要进入测试过程管理的页面。以下是启动测试过程管理页面的步骤。

(1) 在浏览器输入 TestDirector 的 URL 为 http://[TestDirectorserver name]/[Virtual directory name]/default.htm,打开 TestDirector 首页。

(2) 在首页中,单击 TestDirector 超链接,TestDirector 的登录页面将被显示。

(3) 在 TestDirector 的登录页面中,选择合适的域、工程项目名称,输入用户名、密码,单击 Login 按钮,则会进入到测试过程管理的主页面,TestDirector 会打开在用户上一次运行 TestDirector 任务时所用过的那些模块(需求管理、测试计划、测试执行和缺陷管理)。

5.2 测试过程管理主窗口

当登录到某个工程项目的测试过程管理界面时,TestDirector 的主窗口会打开用户上次工作时使用过的模块。在标题栏,TestDirector 会显示工程名称和用户的用户名,如图 5-1 所示。

项目名称　登录用户名　　　　　模块名称

图 5-1　测试过程管理页面

在测试过程管理的主窗口中,TestDirector 包含 4 个模块,如表 5-1 所示。

表 5-1 TestDirector 测试过程模块说明

模 块 名 称	模 块 说 明
Requirements(测试需求管理)	定义测试需求。包括定义用户正在测试的内容、定义需求的主题和条目并分析这些需求
Test Plan(测试计划)	开发一个测试计划。包括定义测试目标和策略、将测试计划分为不同的类别、对测试进行定义和开发、定义哪些需要自动化测试、将测试与需求进行连接和分析测试计划
Test Lab(测试执行)	运行测试并分析测试结果
Defects(缺陷管理)	增加新缺陷、确定缺陷修复属性、修复打开的缺陷和分析缺陷数据

可以通过鼠标单击在模块间切换,也可以通过快捷键 Ctrl+Shift+1 来访问需求模块,用 Ctrl+Shift+2 键来访问测试计划模块,以此类推。

在模块间切换后,每个模块页面中共有内容,如表 5-2 所示。

表 5-2 TestDirector 测试过程共有内容

名 称	所 处 位 置
TestDirector Toolbar（TestDirector 工具栏）	位于 TestDirector 工程名的紧上面
Menu Bar(菜单栏)	位于 TestDirector 工程名的紧下面菜单名称随选择的模块名称不同而改变
Module Toolbar(模块工具栏)	位于菜单栏下面。包括当前所使用 TestDirector 模块中经常使用到的命令
Tools Button(工具按钮)	位于窗口的右上角。可以改变用户密码和用户属性、清除历史数据(管理员才有权限)、查看 TestDirector 客户端组件的版本信息、打开文档引擎
Help Button(帮助按钮)	位于窗口的右上角。能够通过它访问 TestDirector 的在线资源

5.3 测试过程管理工具栏

每个模块页面中共用的 TestDirector 工具栏,对所有的 TestDirector 模块都是适用的,工具栏的介绍如表 5-3 所示。

表 5-3 TestDirector 共用工具栏

导航按钮	Back(返回)	返回到先前 TestDirector 所在的位置
	Forward(前进)	假如用户已经使用了返回的导航按钮,用户可以使用前进按钮返回
	Home(首页)	进入 TestDirector 登录窗口

拼写按钮	Check Spelling（拼写检查）	为所选中的单词或文本框作拼写检查,假如不存在错误,一个确认的消息将被弹出。假如错误被发现,将会弹出对话框显示相应的提示信息
	Spelling Options（拼写选项）	打开拼写选项对话框,并能够让用户对 TestDirector 的拼写检查执行方式进行配置
	Thesaurus（辞典）	打开辞典对话框,并显示所选中单词的同义、近义或反义词。用户能够替换掉所选择的词或查找新的词
缺陷按钮	Add Defect（增加缺陷）	打开增加缺陷对话框,并能够让用户增加一个新的缺陷
帮助按钮	Help Button（帮助按钮）	打开在线帮助并为当前的内容显示帮助主题

5.4　数据组织与显示

TestDirector 每个模块中是通过网格或树组织并显示数据,网格可以理解为表格,通过表格显示数据。TestDirector 每个模块中使用的网格和树情况如表 5-4 所示。

表 5-4　TestDirector 网格和树

Tree/Grid	描　　述
Requirements Tree（需求树）	用在需求模块。为 TestDirector 工程显示测试需求
Test Plan Tree（测试计划树）	用在测试计划模块。在 TestDirector 工程中以树结构显示测试用例
Test Grid（测试网格）	用在测试计划模块选择 View＞Test Grid 时。在 TestDirector 工程中以表格显示所有的测试用例
Design Steps Grid（设计步骤网格）	用在测试计划模块。显示测试用例的步骤
Test Sets Tree（测试集树）	用在测试实验室模块。在 TestDirector 工程中显示测试集——一组测试,运行它们能够达到指定的测试目标
Execution Grid（执行网格）	用在测试实验室模块。显示测试集中的所有测试用例实体
Defects Grid（缺陷网格）	用在缺陷模块。在 TestDirector 工程中显示所有提交的缺陷

当使用 TestDirector 网格和树进行工作时,能够对网格的列进行排列、根据条件过滤记录、设置分类属性、刷新清除过滤和分类设置、保存数据到文件等操作。

5.4.1　网格列排列

用户能够自定义每一列显示的顺序并且可以对每一列的长度进行调整,对列设置的修改在下次启动时仍然有效。

1. 设置列顺序

使用选择列对话框,用户可以设置哪些列显示在 TestDirector 中,并决定所显示列的顺序。例如,在测试计划模块的 Test Grid 中用户可以选择 Test Name 作为第一列,可单击 Select Columns 按钮▥,Select Columns 对话框将被弹出,如图 5-2 所示。

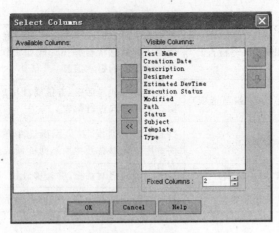

图 5-2　选择列

在图 5-1 所示的选择列对话框中的内容含义如下。

(1) Available Columns 列表框中显示当前没有被显示的列。

(2) Visible Columns 列表框中显示了当前正在显示的列。

选择列名称并单击箭头按钮(＜和＞),将它们在 Available Columns 和 Visible Columns 列表框间移动。单击双向箭头按钮(＜＜和＞＞),将所有的列从一个列表框移动到另一个列表框。

在 Visible Columns 列表框中,可以通过 Up 和 Down 箭头 ,调整列显示的顺序。注意,也可以通过上下拖动列名称来调整它们的顺序。

设置非滚动列。在图 5-1 所示的对话框中,通过在 Fixed Columns 框中设置非滚动列的数量,系统则将 Visible Columns 列表框中从最上边开始到设置的这些数量的列设置为非滚动列。当水平拖动滚动滑块时,非滚动列的位置是保持不变的,并且以阴影显示。(注意,设置非滚动列在需求模块中是无效的)。

2. 调整列宽度

可以使用鼠标调整每一列的尺寸。单击列表头的右边界,通过拖动去调整列的宽度。注意,不能设置非滚动列的列宽。

5.4.2　设置过滤记录和分类

1. 过滤记录

用户可以过滤 TestDirector 数据,可以设置数据过滤条件,当数据记录满足过滤条件时,会显示在 TestDirector 网格或树中。用户也可以设置多个过滤条件,TestDirector 将显示满足各个条件的数据记录。此功能不适合需求模块。设置数据过滤的步骤如下。

(1) 单击工具栏上的 Set Filter/Sort 按钮 ,弹出 Filter 对话框,如图 5-3 所示。

(2) 在 Filter 对话框中,单击各个字段对应的 Filter Condition 列的空白处,为指定的列设置过滤条件,例如单击 Status 字段的 Filter Condition 空白处,单击 按钮,弹出 Select Filter Condition 对话框,如图 5-4 所示。

(3) 在 Select Filter Condition(选择数据过滤条件)对话框中,设置过滤条件。

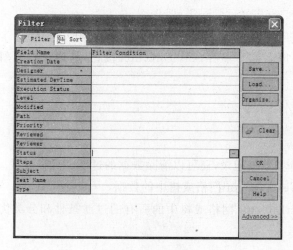

图 5-3　数据过滤　　　　　　　　　图 5-4　数据过滤条件

（4）单击 OK 按钮，返回 Filter 对话框。

2. 记录分类

默认情况下，每个模块中的记录是以它们被添加的顺序进行显示的。当用户设置记录的分类属性后，它们的显示顺序根据 ASCII 分类顺序而定。ASCII 分类顺序首先会认为以字符或空格开始的记录先于以数字开始的记录，接着会考虑大写字符，其次考虑小写字符。设置数据分类的步骤如下。

（1）单击 Set Filter/Sort 按钮，弹出 Filter 对话框，如图 5-2 所示。

（2）在 Filter 对话框中，单击 Sort 选项卡，如图 5-5 所示。

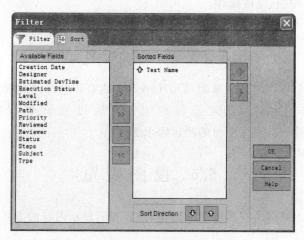

图 5-5　数据分类

在 Filter 对话框中的 Sort 选项卡中内容含义如下。

① Available Fields 列表框：包含了所有能够显示在列表中的字段名称。

② Sorted Fields 列表框：包含了当前已经标识了分类优先级的字段名称。

（3）选择一个字段名称并单击 Arrow 按钮（＜和＞），将它们在 Available Fields 和 Sorted Fields 间移动。单击双向箭头按钮（＜＜和＞＞），将所有的名称从一个列表框移动到另一个列表框。

（4）在 Sorted Fields 中，使用向上和向下箭头，设置字段名称的分类先顺序。

（5）在 Sorted Fields 中，选择一个字段名称并单击 Sort Direction 按钮，从而设置此列是以升序还是降序显示。

（6）单击 OK 应用分类设置。

5.4.3 刷新清除过滤和分类

TestDirector 除了可以设置过滤和分类数据记录，还可以清除数据的过滤和分类设置。

（1）单击 Refresh 按钮 ，刷新在 TestDirector 网格或树中的数据。

（2）单击 Clear 按钮 ，清除在 TestDirector 网格或树中的所有的过滤条件和分类优先级设置。

5.4.4 保存数据到文件

可以把每个模块中的网格中的内容保存为 Text 文件、Microsoft Excel 电子表格、Microsoft Word 文档、或 HTML 文档。具体步骤如下。

（1）在网格上右击，从弹出的快捷菜单中选择 Save As 菜单命令。

（2）选择文件类型：Text File、Excel Sheet、Word Document 或 HTML，保存网格结果对话框将被弹出。

（3）在 Save in 框中，选择此文件保存的路径。

（4）在 File Name 框中，输入此文件名称。

（5）单击 Save 按钮，完成操作。

5.5 需求管理模块概述

测试需求是整个软件测试的基础，TestDirector 能够管理并跟踪测试需求，协助测试计划的完成，从根本上指导测试过程的实现。通过测试过程管理主界面中的 REQUIREMENT 模块来实现项目的测试需求管理。

5.6 视图概览

REQUIREMENT 模块有多种视图可用，每种视图显示内容的方式不同，现将各种视图介绍如下。

5.6.1 文档视图

默认情况下，需求模块是以文档视图方式显示需求树，该视图中将所有的测试需求以列表的形式显示，并可以在 Description 中描述测试需求的详细信息，在 History 中查看需求的历史记录。

在图 5-6 所示的文档视图下，需求以列表形式显示数据，需求列表中每个字段内容的含

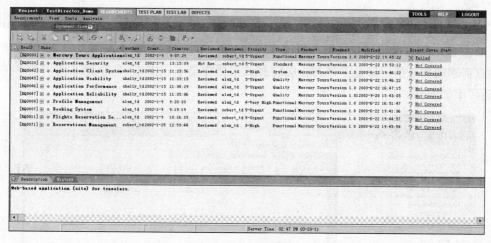

图 5-6 文档视图

义如表 5-5 所示。在该视图中可以调整列表中列的顺序、列的显示(可显示用户自定义的列)、改变列的名称,详细步骤参考第 5.4.1 节的内容。

表 5-5 TestDirector 需求列表

选 项	描 述
附件(Attachment)	需求是否包含附件。此字段值可以为 Y 或 N
作者(Author)	创建此需求的用户名。默认情况,为登录到项目的登录用户名
(Direct Cover Status) 覆盖状态	需求当前的状态。默认情况下,状态为 Not Covered 需求的状态包含如下几种 Not Covered:这个需求没有被测试用例覆盖 Failed:覆盖此需求的一个或多个测试用例被执行,且状态为 Failed Not Completed:覆盖此需求的一个或多个测试用例被执行,且状态为 Not Completed Passed:覆盖此需求的所有测试用例状态都是 Passed No Run:覆盖此需求的所有测试用例状态均是 No Run
Creation Date(创建日期)	需求被创建的日期。默认情况下,创建日期被设置为当前服务器日期
Creation Time(创建时间)	需求被创建的时间。默认情况下,创建时间被设置为当前服务器的时间
Modified(修改)	标识此需求最后被修改的时间
Name(名称)	需求名称
Priority(优先级)	需求的优先级。范围从最低级别(Level 1)到最紧急级别(Level 5)
(Product 产品)	需求所基于的应用程序组件
Req ID(需求 ID)	需求的唯一数字 ID,由 TestDirector 自动分配。注意,需求 ID 是只读的
Reviewed(评审)	标识此需求是否已经被评审,并且被责任人批准通过
Type(类型)	需求的类型,可以是 Hardware 或 Software

5.6.2　覆盖视图

单击 Coverage View,进入覆盖视图界面,如图 5-7 所示,在覆盖视图方式下,可查看每个测试需求的覆盖情况即是不是有相应的测试用例覆盖了该需求、每个测试需求的详细信息,还可添加附件。

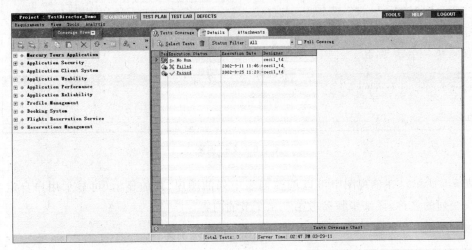

图 5-7　覆盖视图

在覆盖视图下,左侧显示需求树,右侧显示多个选项卡,各个选项卡含义如下。

(1) Tests Coverage:维护测试用例覆盖测试需求情况。

(2) Details:维护测试需求的详细信息。

(3) Attachments:维护测试需求的附件信息。

5.6.3　分析视图

单击 Coverage Analysis View,进入分析视图界面,如图 5-8 所示,在分析视图方式下,可以查看并分析每个测试需求是否已被测试用例覆盖,对应的测试用例执行状态如何,是否已经完成。

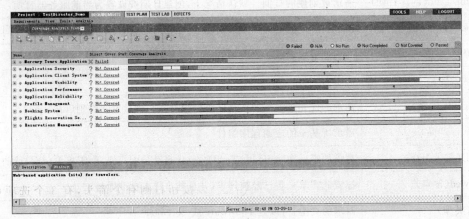

图 5-8　分析视图

5.7 测试需求管理

下面,将使用第 2 章介绍的学生信息管理系统作为案例来讲解测试需求模块如何使用,在此,使用学生信息管理系统中的登录和专业管理两个模块来作为例子,针对其进行测试,提取并管理测试需求。

针对该模块测试,使用功能测试测试方法来提取测试需求。例如:提取的测试需求如表 5-6 所示。

以上是提取的测试需求点,下面将这些需求点添加到 TestDirector 中。

表 5-6 测试需求
功能测试:
1 专业管理
1.1 专业添加
1. 浏览列表中光标默认在第一行
2. 单击添加按钮后弹出窗口
3. 专业添加功能正确
4. 退出功能正确
1.2 专业修改
1. 单击修改按钮后弹出专业修改窗口
2. 专业修改功能正确
3. 修改专业窗口中退出功能正确
1.3 专业删除
1. 删除一行信息时,弹出提示信息
2. 删除多行信息时,弹出提示信息
3. 删除专业功能正确
4. 退出功能正确

5.7.1 测试需求创建

1. 在项目中添加新需求

(1)以测试经理 wangliu 登录到 TestDirector 项目 stumanage 中,进入 REQUIREMENTS 模块。

(2)单击工具栏中的 New Requirement 按钮，打开 New Requirement 对话框,如图 5-9 所示,在 Name 文本框中输入测试需求名称“专业管理”,单击 OK 按钮,TestDirector 在需求树中增加了一个需求结点“专业管理”。

2. 为刚刚添加的需求结点“专业管理”添加子需求“专业添加”、“专业修改”

(1)在需求树中,选中刚刚创建的需求“专业管理”,单击工具栏上的 New Child Requirement 按钮，弹出添加子需求的对话框,如图 5-9 所示。

(2)输入“专业添加”,单击 OK 按钮,系统自动在“专业管理”添加一个子需求“专业添加”,如图 5-10 所示。

图 5-9 添加需求

图 5-10 添加子需求

(3)重复步骤 2,添加子需求“专业修改”。

5.7.2 测试需求维护

1. 查看单个需求目录

如果测试需求人员对其他需求不关心,只希望查看专业修改需求和它下面的子需求,那么可以通过单击工具栏上的 Zoom In 按钮实现。该按钮右侧有个箭头,有 3 个选项可以选择。

(1)Zoom IN:查看当前的需求和下面的子需求。

（2）Zoom Out One Level：查看当前需求的上一个结点。

（3）Zoom Out To Root：查看需求树的根结点。

2. 复制一个需求

建立一个新需求时，可以复制一个已有的需求完成。例如要建立一个与专业修改类似的需求，可以通过一下步骤完成。

（1）在需求树上选择刚刚创建的需求"专业修改"，然后单击工具栏上的 Copy 按钮。

（2）单击工具栏上的 Paste 按钮，系统提示"名称重复"的警告信息，如图 5-11 所示，单击 OK 按钮确认。

（3）系统在需求树上增加了一个新的需求，为了避免重复，它自动在专业修改后面增加了"_copy_"作为新需求的名称，如图 5-12 所示。

图 5-11　提示信息

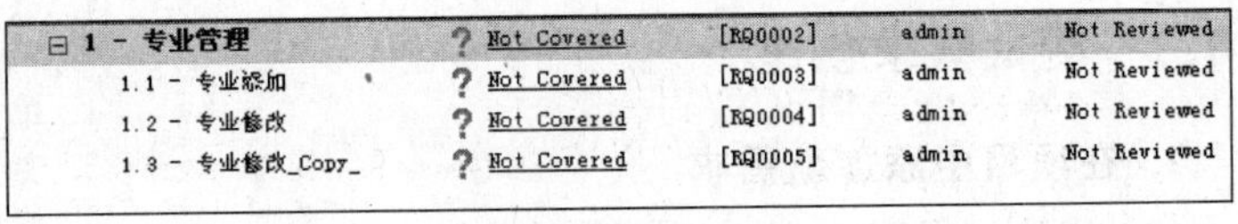

☐ 1 - 专业管理	? Not Covered	[RQ0002]	admin	Not Reviewed
1.1 - 专业添加	? Not Covered	[RQ0003]	admin	Not Reviewed
1.2 - 专业修改	? Not Covered	[RQ0004]	admin	Not Reviewed
1.3 - 专业修改_Copy_	? Not Covered	[RQ0005]	admin	Not Reviewed

图 5-12　复制需求

3. 重命名一个需求

右击刚刚复制创建的需求"专业修改_copy_"，在弹出的快捷菜单中选择 rename，则"专业修改_copy_"变为可编辑状态，测试人员可以根据需要进行重命名，将新需求重命名为专业删除。

4. 移动需求在需求树中的位置

（1）选择刚刚创建的需求"专业删除"，单击工具栏上的 Cut 按钮。

图 5-13　移动确认信息

（2）在需求树中选择"专业修改"后，通过工具栏上的 Paste 按钮右侧的箭头选择 Paste As Child 方式，弹出 Confirm 对话框，如图 5-13 所示。

（3）单击 Yes 按钮，"专业删除"需求自动移到"专业修改"结点下，变为"专业修改"的子需求了。

5. 删除一个需求

在需求树中选择"专业删除"，单击工具栏中的 Delete 按钮并确认，可以将"专业删除"从需求树中永久删除。

6. 添加学生管理系统的所有测试需求。

将表 5-6 中的测试需求添加到 TestDirector 中。最终添加的需求如图 5-14 所示。

7. 修改测试需求详细内容

如果需要修改测试需求的详细信息如评审状态、作者，需要切换到 Coverage View 视图，单击右侧的 Details 标签页，修改相应的字段内容，如图 5-15 所示。

8. 测试需求评审

当测试需求添加完毕之后，需要组织人员对测试需求进行评审，评审通过之后可将评审状态从 Not Reviewed 修改为 Reviewed，如图 5-16 所示。

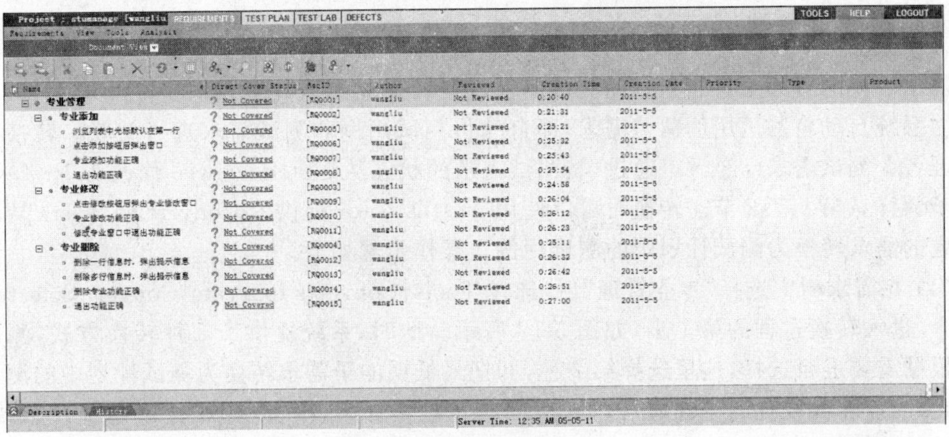

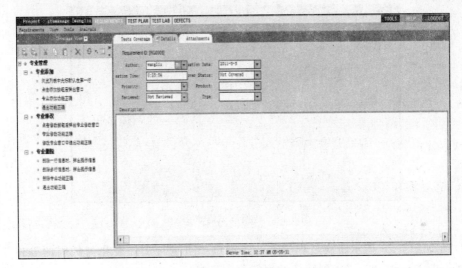

图 5-14　测试需求

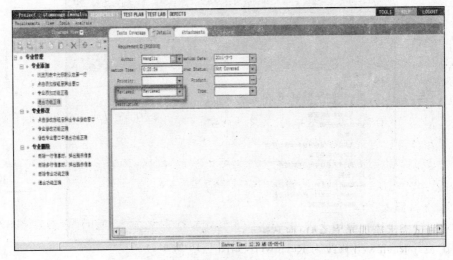

图 5-15　测试需求修改

图 5-16　测试需求评审

5.7.3 测试需求转换

需求转换的目的是将建立好的测试需求直接转化成测试计划模块中的测试用例,转换的同时系统自动将测试用例覆盖需求,即自动将测试用例和测试需求进行关联。转换之前要保证各个测试需求已经评审通过,将测试需求的状态从 Not Reviewed 修改为 Reviewed,操作步骤详见第 5.7.2 节。转换时可以使用 TestDirector 提供的 Convert to Tests Wizard 将选定的需求转换为测试计划中的测试用例。操作步骤如下。

(1) 在需求树中选择"专业管理"后,选择 Tools|Converts to Tests|Convert Selected 菜单命令,进入转换过程的第 1 步,如图 5-17 所示。此时,系统提供了 3 种转换方式,测试人员可根据需要进行选择,这里选择第 2 种,即把最低层的子需求转换为测试计划中的测试用例,如果当前步骤设置的不合适可以在后面的步骤中修改,单击 Next 按钮系统开始转换,转换结果如图 5-17 所示。

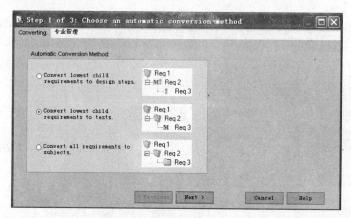

图 5-17 转换测试需求 Step1

(2) 在如图 5-18 所示转换过程的第 2 步窗口中可进行文件夹和测试用例等相互转换的修改,单击 Next 按钮,进入到转换过程的第 3 步窗口。

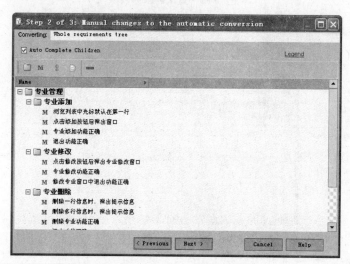

图 5-18 转换测试需求 Step2

（3）在转换过程的第3步窗口中，需要选择目标主题的路径。方法是单击右侧的浏览按钮，弹出所有可选择的主题窗口，如图 5-19 所示。

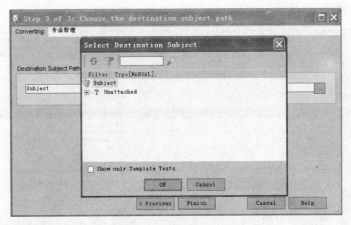

图 5-19　转换测试需求三

（4）完成。在转换过程的第3步窗口中，单击 Finish 按钮，系统自动完成测试需求到测试计划的转换。马上单击 TEST PLAN 模块，可以在测试计划树中看到刚刚由需求转换来的测试用例，如图 5-20 所示。

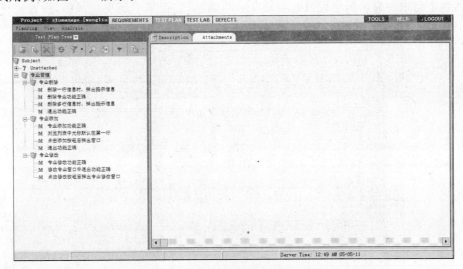

图 5-20　测试计划中转换测试用例

注意：该方法是快速建立测试用例的一种手段。该手段可根据实际情况选择使用，如果不想转换为测试用例，则可在测试计划模块中手工添加测试用例，具体操作步骤详见第6章。

5.7.4　分析需求

TestDirector 能够产生详细的报告和图表来帮助用户分析全部的测试过程。测试需求制定好后，可以把需求转化为图表或报告。

1. 生成报告

把刚刚建好的需求生成一个需求报告，这个报告可以根据需要添加一些个人定制的内容,并把它保存成个人喜好的报告模式便于以后使用。

（1）打开 Requirement 模块,选择 Analysis|Reports|Standard Requirements Reports,
弹出标准的报告模式,如图 5-21 所示。

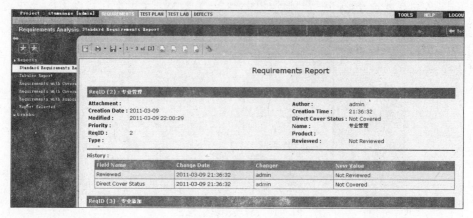

图 5-21　标准报告

（2）在如图 5-21 所示报告页面中,单击 Configure Report and sub-reports 超链接,打开
Requirement Report(报告自定义)对话框,如图 5-22 所示。可以自定义报告中每页显示的
需求数、每个需求中显示的字段以及字段显示的顺序,是否显示历史记录等,设置完毕后单
击 Generate Reports 按钮,重新生成报告。

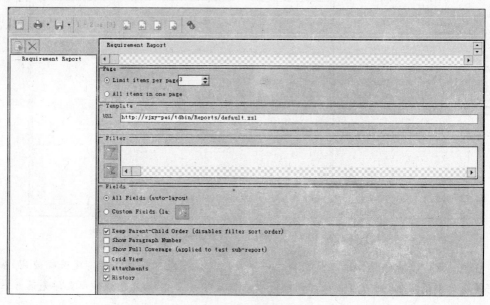

图 5-22　配置报告

（3）如果要将设置保存为个人爱好,在如图 5-21 所示报告页面中,单击工具栏上的
Add to Favorites 按钮,并在系统提示的保存对话框中输入名称即可,在以后生成报告时,可
以选择个人定制报告名称,系统会生成相同条件的报告。

2. 生成图表

TestDirector 提供了用户生成图表的功能。图表用于分析一个项目中不同类型数据之间的关系，TestDirector 允许用户定制统计图表和相应的显示方式。生成图表的过程如下。

（1）打开 Requirement 模块，选择 Analysis｜Graphs｜Summary｜Group by Priority 菜单命令，弹出 Requirement Summary Graph（需求统计图表），如图 5-23 所示，默认情况下，统计图是按照 Priority 进行分组的。

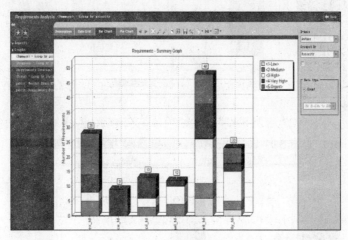

图 5-23　统计图表

（2）定义一个数据筛选，单击 Filter 按钮，弹出 Filter 对话框，如图 5-24 所示，输入类型 Type 的筛选条件，单击 OK 按钮关闭对话框。可以在 Filter 对话框中设置不同字段的过滤条件。

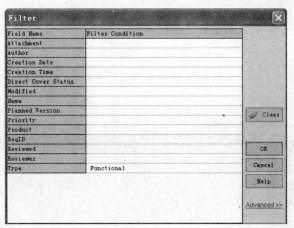

图 5-24　数据过滤

（3）在 Requirement Summary Graph（需求统计图表）页面中单击 Refresh 按钮，刷新图表，得到的统计图表如图 5-25 所示。

（4）从 X-Axis 列表中选择 Planed Version 作为图的横坐标，刷新统计图表，如图 5-26 所示，这里可以对不同版本的需求数目进行统计。可以从 X-Axis 列表中选择不同的内容作为图的横坐标。

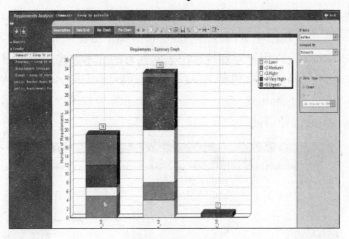

图 5-25　统计图表

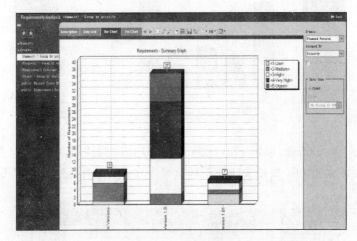

图 5-26　统计图表

（5）在图 5-26 中，任选一个柱形模块后单击，系统显示该柱形块的详细信息，如图 5-27 所示。

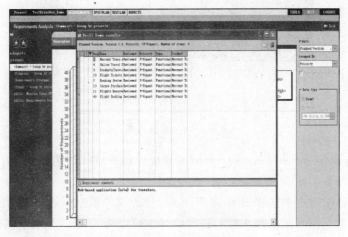

图 5-27　详细信息

（6）在图 5-22 上方通过单击不同的选项卡，可显示不同样式的图表，如饼状图、柱形图等，根据公司情况选择不同的图形，如图 5-28 所示。

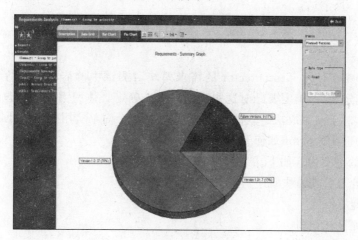

图 5-28　统计图

5.8　同步训练

5.8.1　实验目标

熟练使用需求管理模块。

5.8.2　前提条件

正确安装了 TestDirector 8.0，且能够正常使用。

5.8.3　实验任务

（1）打开测试需求管理的主窗口，标出项目名称、各个模块名、共有工具栏的位置，并说明共有工具栏的各个图标含义。

（2）进入测试需求模块，熟悉三种视图，理解 3 种视图的不同显示方式。

（3）熟悉学生管理系统的某个模块，提取测试需求，添加到 TestDirector 的测试需求模块，并练习复制需求、重命名需求、删除需求等。

（4）生成报告和图表。

第6章 测试计划管理

上一章,介绍了使用 TestDirector 的需求模块对测试中的需求点进行管理的过程,那么,测试需求确定之后,就需要针对这些测试需求来确定具体的测试计划包含测试策略、测试用例等内容,对于一个成功的软件测试来说,制定一个简单实用的测试计划是非常有必要的。那么通过 TestDirector 如何开发测试计划呢?

本章讲解的主要内容如下。

(1) 测试计划管理模块概述;

(2) 视图概览;

(3) 开发测试计划树;

(4) 测试用例连接需求;

(5) 构建测试用例步骤;

(6) 创建自动化脚本;

(7) 分析测试计划。

6.1 测试计划管理概述

在软件测试中,一个好的软件测试计划发挥着举足轻重的作用,它能够更好的指导后期的测试。TestDirector 能够帮助您更好的管理测试计划中的测试策略、测试用例等内容。

6.2 视图概览

TEST PLAN 模块有多种视图可用,每种视图显示内容的方式不同,可根据需要选择不同的视图显示。现将各种视图介绍如下。

6.2.1 测试树视图

单击 Test Plan Tree 进入测试树视图界面,如图 6-1 所示,在测试树视图方式下,可浏览整个测试计划树,查看各个测试主题下的测试用例,每个测试用例的详细信息、测试步骤、测试脚本、附件信息、测试用例覆盖的需求情况。

6.2.2 表格视图

单击 Test Grid 进入表格视图界面,如图 6-2 所示,在表格视图方式下,可查看该项目中所有测试用例的详细信息以及历史信息记录。

表格视图下,测试计划列表中每列字段内容的含义见表 6-1,表格中可以调整列表中列的显示顺序、列的显示(可显示用户自定义的列)、改变列的名称。

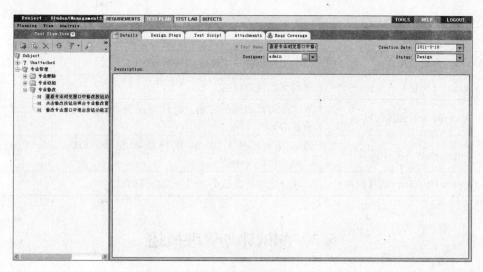

图 6-1 测试树视图

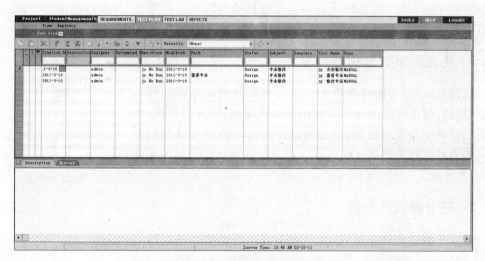

图 6-2 测试表格视图

表 6-1 测试计划列表

选 项	描 述
Test Name(测试用例名称)	测试用例的名称
Type(类型)	测试用例的类型。如手动或 QuickTest
Subject(测试主题)	测试用例在测试计划树中所在的测试主题文件夹
Status(状态)	测试用例的编制状态。默认状态为 Design,其他状态为 imported、ready、repair
Path(路径)	自动化测试用例脚本文件在服务器端存放的系统路径
Template(模板)	标识本测试是否是测试模板,值为:Y、N
Designer(设计者)	测试用例设计者

选　　项	描　　述
Modified(修改日期)	测试用例最后一次修改的日期和时间
Description(描述)	对测试用例的描述
Creation date(创建日期)	测试用例被创建的日期。默认情况下,创建日期设置为创建时服务器当前的日期
Execution status(执行状态)	测试用例的执行状态,执行状态包含：Failed、No Run、Not Completed、Passed
Estimated DevTime(估计时间)	估计设计和开发这个测试用例所需的时间

6.3　测试计划管理概述

　　下面,将使用第 2 章介绍的学生信息管理系统作为案例来讲解测试计划模块如何使用,人们针对学生信息管理系统中的专业管理模块为例来进行测试,并管理测试计划及用例。通过 TEST PLAN 模块来实现项目的测试计划管理。

6.3.1　生成测试计划树的步骤

　　通过测试计划树能够将整个测试过程按照测试策略划分成不同的阶段,每个阶段进行不同的测试如功能测试、界面测试、性能测试、自动化功能测试等,通过测试计划树可将各阶段测试分组,从而能够更好的管理测试用例。具体生成测试计划树的步骤如图 6-3 所示。

6.3.2　开发测试计划树

　　通常,在测试软件的时候,会使用不同的测试策略来进行测试,如功能测试、界面测试、性能测试、自动化功能测试等,例如当进行功能测试时,又会按照不同的模块来进行测试,而在TestDirector 的测试计划模块,可以通过创建测试主题来实现不同测试策略和不同模块的分组,在每个主题中再确定要设计哪些

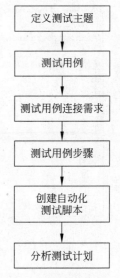

图 6-3　测试计划树步骤

测试用例,并将这些用例添加到各个主题中,各个测试用例根据实际情况可添加测试用例步骤和测试脚本,从而完善整个测试计划树。测试计划树中的各个测试主题和主题下的测试用例除可手工创建外,还可以从测试需求模块直接转换过来,转换方法详见第 5.7.3 节内容。

　　下面将详细介绍学生信息管理系统手工创建测试用例的方法(不使用测试需求转换测试用例方法,可以将转换过来的测试主题和测试用例删除,删除操作详见第 6.3.3 节内容)。删除测试主题和测试用例后,切换到测试需求模块,查看分析视图如下。

　　在图 6-4 中可以看到,所有的测试需求都没有被测试用例覆盖,状态都为 Not Covered。

　　注意: TestDirector 8.0 中是以 test 即测试项来作为测试用例的别名。

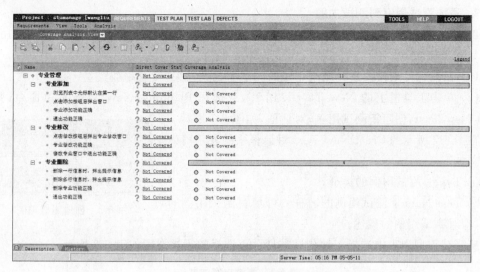

图 6-4 测试需求覆盖分析图

1. 创建测试主题

(1) 在如图 6-1 所示的测试树视图下，单击工具栏上的 New Folder 按钮 ，或选择 Planning|New Folder 菜单命令。New Folder 对话框将被打开，如图 6-5 所示。

(2) 在 New Folder 对话框中，Folder Name 文本框中输入测试主题名称"专业管理"，并单击 OK 按钮退出。注意，主题名称中不能够包括字符：/或^。

图 6-5 创建测试主题文件夹

(3) 选中刚刚添加的"专业管理"文件夹，在其下一级分别建立"专业添加"、"专业修改"、"专业删除"主题文件夹，最终建立文件夹如图 6-6 所示。

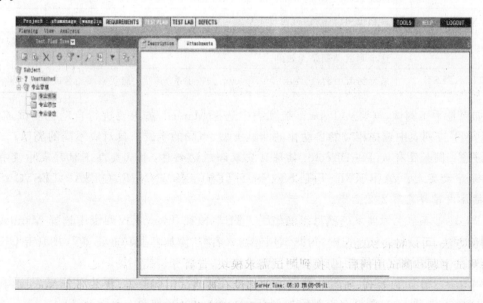

图 6-6 测试主题文件夹结果

2. 添加测试用例到测试主题

创建了包括测试主题的测试计划树之后,就可以准备创建测试用例(即 test 测试用例)了。具体步骤如下。

(1) 在测试计划树上选择刚刚创建的测试主题文件夹"专业添加"。

(2) 单击工具栏上的 New Test 按钮  ,或选择 Planning | New Test 菜单命令,弹出 Creat New Test(创建新测试用例)对话框,如图 6-7 所示。

在图 6-7 所示的 Creat New Test 对话框中的各字段内容含义如下。

① Type:测试用例的类型。

② Test Name:测试用例的名称。可填写测试用例的标题,即对测试用例的概述。

图 6-7 创建测试用例

从测试类型列表中选择一种测试类型。可选择的测试类型如表 6-2 所示。

表 6-2 测试用例类型

测 试 类 型	描　　　述
MANUAL	手动测试用例
WR-AUTOMATED	自动化测试用例,将通过 HP 公司的负载测试工 WinRunner 执行
VAPI-TEST	自动化测试用例,将通过 Visual API 执行
LR-SCENARIO	场景,将通过 HP 公司的负载测试工 LoadRunner 执行
QUICKTEST-TEST	自动化测试用例,将通过 HP 公司的功能测试工具 QuickTest Professional 执行
ALT-TEST	自动化测试用例,将通过 HP 公司的负载测试工具 Astra LoadTest 执行
ALT-SECNARIO	场景,将通过 HP 公司的负载测试工具 Astra LoadTest 执行
QTSAP-TESTCASE	自动化测试用例,将通过 HP 公司为 MySAP. com 应用程序的功能测试工具 QuickTest Professional for MySAP. com Windows Client 执行
XRUNNER	自动化测试用例,将通过 HP 公司的 XRunner 工具执行
VAPI-XP-TEST	自动化测试用例,用 Visual API-XP 工具创建。注意:在 TestDirector 标准版中,这个测试类型是无效的
SYSTEM-TEST	系统测试用例,它要求 TestDirector 去提供系统信息、捕获桌面图像或重启计算机

如果是手工测试,需要从 Type 下拉列表中选择 Manual,如果要进行自动化测试,需要从 Type 下拉列表中选择相应的自动化的测试类型,不同的测试工具对应不同的类型。

注意:假如没有从 TestDirector 插件页安装合适的插件,测试类型下拉列表中没有以下几项测试类型:QUICKTEST-TEST、ALT-TEST、XRUNNER、QTSAP-TESTCASE。下载插件内容详见第 2.2.7 节。

(3) 针对该学生管理系统项目当前做手工测试,故在 Type 下拉列表中选择 Manual 手工测试类型,在 Test Name 框中,为测试用例输入名称"添加专业功能正确",并单击 OK 按钮。注意,测试用例名称不能包括如下字符:\ / :" ^ ? <>| * 。

(4) 在主题文件夹"专业添加"下面显示刚刚添加的测试用例。单击该测试用例,在右侧的 Details 选项卡中,测试名称被添加到 Test Name 框中,如图 6-8 所示。

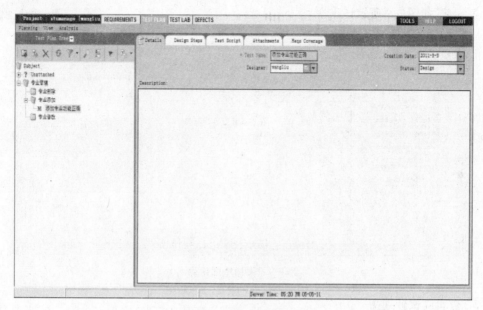

图 6-8   添加的测试用例

（5）以上步骤即添加了一个手工测试类型的测试用例。

（6）选中刚刚添加的测试用例"添加专业功能正确"，选择右侧的 Details 选项卡，该选项卡下的各字段详细描述如表 6-3 所示。

表 6-3   测试用例详细信息

选　　项	描　　述
Creation Date	测试被创建的日期。默认情况下，创建日期被设置为当前服务器的日期。单击下拉箭头去显示日历，并选择一个不同的创建日期
Status	测试的当前状态。默认状态为 Design。单击下拉箭头从下拉列表中选择一个不同的状态
Designer	测试的设计者。默认情况下，TestDirector 显示登录的用户名。单击下拉箭头，选择一个不同的用户名
Test Name	测试的名称。注意，测试名称是只读的
Description	测试的描述信息

注意：在第 4 章中自定义添加的 test 实体的用户自定义字段就显示在该 Detail 选项卡中。

（7）单击 Attachments 选项卡，为新的测试用例添加附件。附件可以是文件、URL、应用程序的快照、剪贴板中的图像或系统信息等类型。

（8）单击 Reqs Coverage 选项卡，可设置测试用例到测试需求的连接覆盖。关于测试用例和需求覆盖详细内容，详见第 6.3.3 节测试用例连接到需求。

（9）单击 Design Steps 选项卡，为测试用例定义测试步骤。关于构建测试步骤的详细内容，详见第 6.3.4 节构建测试用例测试步骤。

（10）参考步骤（1）～步骤（4），在"专业删除"、"专业修改"测试主题下分别添加测试用例，专业模块的测试用例详见附录 C，将附录 C 中各个测试用例的目的填入测试用例名称中。添加后,如图 6-9 所示。

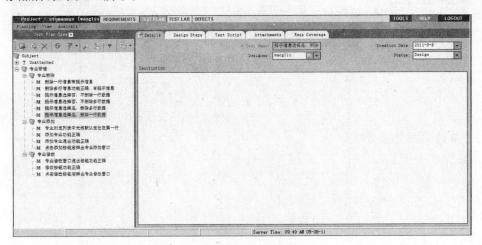

图 6-9　添加全部用例

3. 查看测试计划树

默认情况下,测试计划树中只显示最高级别的测试主题。

(1)展开树枝。在 Test Plan Tree 视图下,单击测试主题文件夹左侧的展开符号⊞。若想展开测试主题文件夹的所有层,需要右击测试主题文件夹,并选择 Expand Folder。

(2)折叠树枝。在 Test Plan Tree 视图下,单击测试主题文件夹左侧的折叠符号⊟。若想折叠测试主题文件夹中所有层,需要右击测试主题文件夹,并选择 Collapse Folder。

(3)刷新树中的测试用例。在 Test Plan Tree 视图下,选择准备刷新的测试用例,并单击 Refresh Selected 按钮。选择 Subject 文件夹,单击 Refresh Selected,刷新测试计划树中所有的测试用例。

(4)过滤/分类测试用例。在 Test Grid 视图下,单击工具栏 Set Filter/Sort 按钮▽,过滤或分类显示在测试计划树中的测试用例。

4. 查找测试计划树

在测试计划树中搜索主题文件夹或测试用例。步骤如下。

(1)在特定测试主题文件夹中搜索,先选中该测试主题文件夹,然后单击工具栏上的 Find Folder/Test 按钮🔍,弹出 Find Folder/Test 对话框,如图 6-10 所示。如要搜索整个树,则选中文件夹 Subject。

图 6-10　查找主题文件夹或测试用例

(2)在 Find Folder/Test(查找主题文件夹或测试用例)对话框中的 Find in 框中显示特定测试文件夹名称,单击 Find 按钮进行查找。

在 Find Folder/Test 对话框中各内容含义如下。

① 在 Value To Find 框中,输入要搜索的测试主题文件夹(或部分名称)。此查找是不区分大小写,在此输入"删除"两字。

② 选中 Include Tests 复选框,TestDirector 会对文件夹和测试用例都进行搜索。

(3)单击 Find 按钮。TestDirector 将会在选定的范围内去查找符合条件的测试主题文件夹或测试用例。如果搜索到匹配的信息,搜索结果对话框将被打开,并显示搜索到的测试主题文件夹或测试用例,如图 6-11 所示。

（4）在图 6-11 中选择一个结果,并单击 Go To 按钮,则会在测试计划树中高亮显示测试主题文件夹或测试用例。

（5）如果搜索不到匹配的信息,相应的消息框将被弹出,如图 6-12 所示。

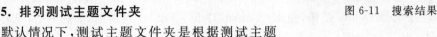

图 6-11　搜索结果

5. 排列测试主题文件夹

默认情况下,测试主题文件夹是根据测试主题名称的字母顺序在测试计划树中显示的。可以在测试计划树中排列这些测试主题文件夹的显示顺序,还可以创建自定义的排列顺序。

（1）在图 6-1 所示的测试树视图中,单击工具栏上 Sort Folders 按钮，弹出 Sort Folder in Test Plan Tree(排列测试计划树)对话框,如图 6-13 所示。

在 Sort Folder in Test Plan Tree 对话框中的选项含义如下。

① Sort Folders by Name：默认情况下被选中,按名字排序。

② Custom Sort,可创建自定义排列,如图 6-14 所示。

图 6-12　提示信息

图 6-13　排列测试计划树

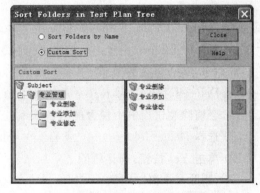

图 6-14　自定义排列测试计划树

（2）在图 6-14 自定义排列测试计划树对话框中,左侧显示整个测试计划树,在左侧列表中选择某个测试主题文件夹,右侧列表将显示其下一层测试主题文件夹,可在右侧列表对话框中可选择一个测试主题文件夹并单击 Up 或 Down 箭头按钮,来调整其排列顺序。

（3）单击 Close 按钮后,测试计划树会按照自定义的顺序进行显示。

6.3.3　维护测试计划树

测试计划树中的测试主题文件夹和测试用例可以进行重命名或删除操作。根据实际情况可修改测试计划树。

1. 重命名主题文件夹或测试用例

（1）从测试计划树中选择一项(文件夹或测试用例)。

（2）右击该项,从弹出的快捷菜单中选择 Rename 菜单命令。

（3）编辑这项的名称,按 Enter 键或单击另外的位置。

2. 删除主题文件夹或测试用例

从测试计划树中删除主题文件夹或测试用例。假如删除一个主题文件夹，TestDirector将该文件夹下的所有测试用例移动到测试计划树的 Unattached 文件夹。假如删除一个测试用例，TestDirector 将永久地删除这个测试用例和测试脚本。

（1）删除一个主题文件夹。

① 从测试计划树中选择一个主题文件夹。

② 单击 Delete 按钮，或选择 Planning |Delete 菜单命令，也可以右击此文件夹，从弹出的快捷菜单中选择 Delete 按钮，弹出 Confirm Delete Folder 对话框，如图 6-15 所示。

图 6-15　确认删除

在 Confirm Delete Folder 对话框中的各内容含义如下。

- Delete folders only：只删除该测试主题文件夹，该主题下的测试用例移动到 Unattached 文件夹下。

- Delete folders and tests：删除该主题文件夹下的所有子文件夹及所有测试用例，也会清除测试用例中包含的测试脚本。

③ 选择 Delete folders only 或 Delete folders and tests。

④ 单击 Yes 按钮，确认删除。

（2）删除一个测试用例。

① 从测试计划树中选择一个测试用例。

② 单击工具栏中的 Delete 按钮<img>，或选择菜单 Planning| Delete 菜单命令，也可以右击此测试用例，从弹出的快捷菜单中选择 Delete 菜单命令。

③ 单击 Yes 按钮，确认删除。

6.3.4　测试用例连接需求

测试需求模块中定义了测试需求，测试计划模块定义了测试用例，测试需求和测试用例都是完全独立的，为了防止测试需求被遗漏，需要把测试需求和测试用例关联起来，关联后一方面能够查看测试需求的覆盖情况，如图 6-4 所示，另一方面一旦测试需求发生变化，就能确定哪些测试用例会受影响。另外，TestDirector 能够自动标记出受影响的测试用例（依赖于第 4 章介绍的项目管理中的可追溯通知规则的设置）。

在测试计划模块，可以通过选择需求连接到一个测试用例来创建需求覆盖。也可以在需求模块，通过选择测试用例连接到一个需求来创建测试用例覆盖。一个测试用例能够覆盖一个或多个需求，一个需求也可以覆盖一个或多个测试用例。

1. 连接需求到一个测试用例

在测试计划模块，切换到测试计划树视图下，在左侧的测试计划树中选择一个测试用例，右侧的需求覆盖选项卡 Reqs Coverage 中显示这个测试用例的测试需求覆盖。覆盖网格中列出了测试用例所覆盖的需求。可在覆盖网格中添加或删除需求。添加需求覆盖的步骤如下。

（1）在测试计划树上选择创建的测试用例"添加专业功能正确"。

（2）单击右侧窗口中的 Reqs Coverage 选项卡，如图 6-16 所示。

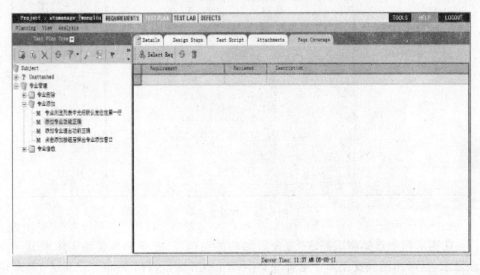

图 6-16　需求覆盖

（3）在图 6-16 需求覆盖页面中单击 Select Requirements 按钮 ![Select Req]，将会在右侧窗口显示测试需求模块中添加的需求树，如图 6-17 所示。

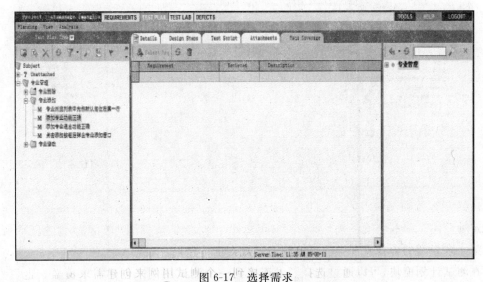

图 6-17　选择需求

（4）在图 6-17 需求树中搜索特定的测试需求：在 Find 输入框中输入所要搜索的测试需求的名称"专业添加"（或部分名称），并单击 Find 按钮🔍，TestDirector 会依次查找符合条件的文件夹或测试需求，如果搜索成功，TestDirector 会在树中高亮显示此测试需求，如图 6-18 所示。

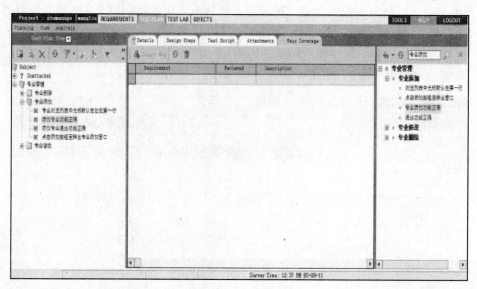

图 6-18　查找需求

（5）在需求树中选择测试需求"专业添加功能正确"。如果想覆盖某需求及其子需求，右击该需求，从弹出的快捷菜单中选择菜单 Add to Coverage(Include Children)菜单命令，则该需求及其子需求被添加到覆盖网格中。

（6）单击 Add to Coverage 按钮，该测试需求被添加到覆盖网格中，如图 6-19 所示。

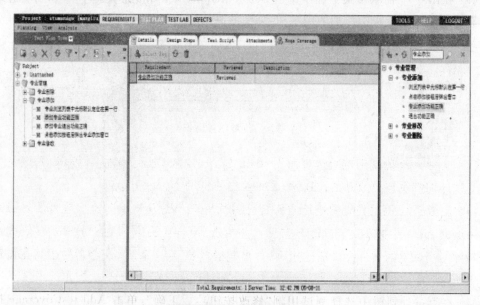

图 6-19　添加需求覆盖

(7) 在图 6-19 中的网格中,右击"专业添加功能正确"需求,从弹出的快捷菜单中选择 Remove from Coverage 菜单命令,可删除该测试需求。

(8) 单击 Close 按钮 ✕ 去隐藏需求树。

2. 连接测试用例到一个需求

测试用例和测试需求关联,除上边的方法外,还可以通过 TestDirector 的需求模块来连接测试用例和需求,需要切换到需求模块的覆盖视图下。在需求树上选择一个需求时 TestDirector 会在测试用例覆盖选项卡 Tests Coverage 中显示这个需求的测试用例覆盖。覆盖网格中列出了需求所覆盖的测试用例。可以在这个覆盖网格中查看、添加或删除测试用例。添加测试用例覆盖的步骤如下。

(1) 在需求树上选择一个需求,如"专业修改"测试主题文件夹下的子需求"专业修改功能正确"。在右侧窗口选择选项卡即测试用例覆盖选项卡,在该选项卡下显示了覆盖网格,如图 6-20 所示。

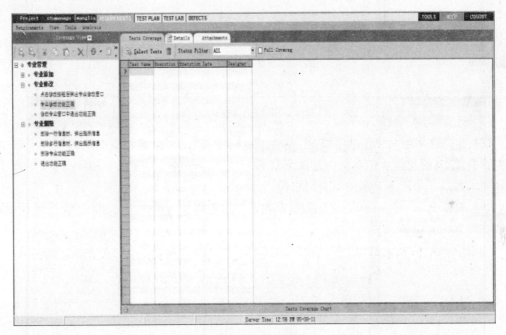

图 6-20　测试用例覆盖

(2) 在图 6-29 测试用例覆盖页面下,单击 Select Tests 按钮 ⧉ Select Tests ,右侧窗口会显示测试计划模块当中的测试计划树,如图 6-21 所示。

(3) 在图 6-21 测试计划树中搜索特定的测试用例:在 Find 输入框中输入所要搜索的测试用例的名称"专业修改"(或部分名称),并单击 Find 按钮 🔍 ,TestDirector 会依次查找符合条件的测试主题文件夹或测试用例,如果搜索成功,TestDirector 会在树中高亮显示此测试用例,如图 6-22 所示。

(4) 在测试计划树中选择测试用例"修改按钮功能正确",单击 Add to Coverage 按钮 ⬅ ,则该测试用例被添加到覆盖网格中。也可以通过拖动测试计划树中的测试用例或测试

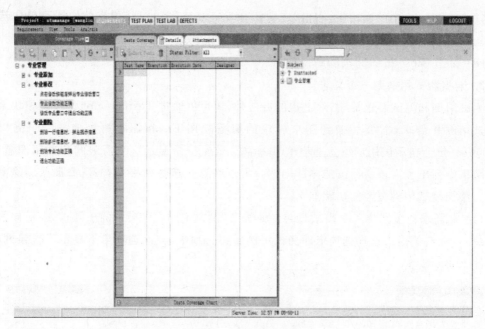

图 6-21　查找测试用例

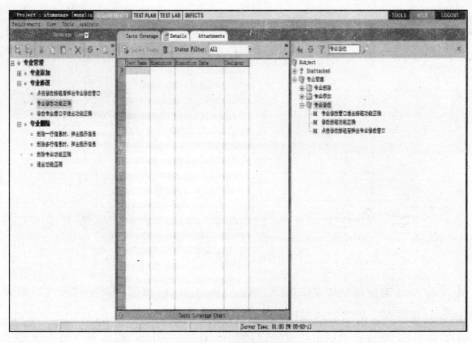

图 6-22　查找测试用例

文件夹到覆盖网格中,来实现测试用例覆盖,如图 6-23 所示。

(5) 在图 6-23 中的网格中,右击"修改按钮功能正确"测试用例,从弹出的快捷菜单中选择 Remove from Coverage 菜单命令,可删除该测试用例。

(6) 单击 Close 按钮来隐藏测试计划树。

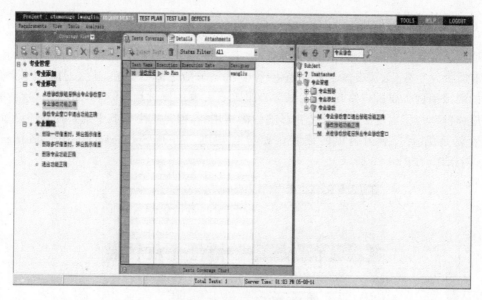

图 6-23　添加测试用例覆盖

6.3.5　查看测试需求分析视图

使用以上两种方法之一将其他的测试用例和测试需求建立关联。当测试用例和测试需求建立关联之后,打开测试需求模块,切换到测试需求分析视图,可以看到测试需求的覆盖状态,如图 6-24 所示。

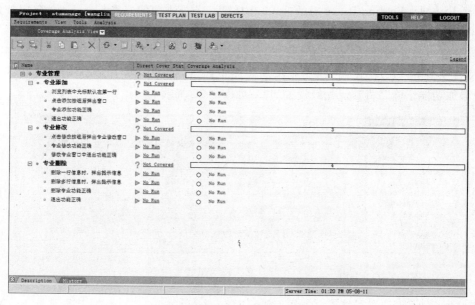

图 6-24　测试需求覆盖分析图

在图 6-24 中可以看到,所有的测试需求已经被测试用例覆盖,状态都为 No Run 即已经被测试用例覆盖,但测试用例未执行。

6.3.6　跟踪测试用例

通过第 6.3.4 节内容,测试用例和测试需求之间建立了联系。在整个项目测试过程中,需求有时会发生变化,那么需求发生变化后,测试需求随之需要修改,那么对应于原来测试需求的测试用例也要进行修改,也就是需要跟踪受影响的测试用例,TestDirector 这款管理工具能够自动标记出受测试需求变化影响的测试用例,但是这个依赖于某些相关的设置,这个设置就是第 4.6 节内容中的设置跟踪警告规则。打开 Set Traceability Motification Rules 对话框,如图 6-25 所示。

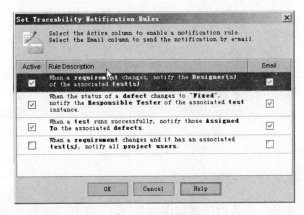

图 6-25　跟踪规则

测试需求发生变化,如果想让 TestDirector 标记出需要跟踪的测试用例,则需要在 Set Traceability Motification Rules 对话框中,选择第一条规则前的复选框。下面,介绍如何跟踪需求变化对测试用例的影响。

设置好跟踪规则后,以 wangliu 账户登录到 stumanage 项目中,打开需求管理模块,切换到覆盖视图下,假设测试需求"专业添加功能正确"的优先级发生变化,则修改测试需求"专业添加功能正确",将其优先级设置为高,如图 6-26 所示。

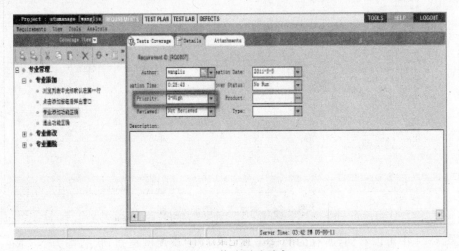

图 6-26　修改测试需求

测试需求修改后,单击 TestDirector 工具栏上的跟踪所有变化按钮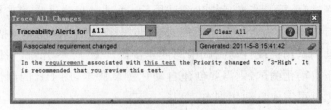,弹出 Trace All Changes(跟踪所有变化)窗口,如图 6-27 所示。

图 6-27　跟踪所有变化

在 Trace All Changes 对话框中各内容含义如下。

(1) All:下拉列表中选择 All,显示所有的需跟踪的变化。

(2) Tests:下拉列表中选择 Tests,测试需求发生变化,显示需跟踪的测试用例,在测试计划模块标记出需检查的测试用例。

(3) Test Instances:下拉列表中选择 Test Instances,若测试用例关联的缺陷状态修改为 Fixed,显示需跟踪的需执行的测试用例实例,将在测试实验室即执行模块标记出需回归测试的测试用例实例。

(4) Defects:下拉列表中选择 Defects,测试用例回归测试成功后,即状态由 Failed 设置为 Passed,显示需跟踪的缺陷,将在缺陷模块标记出需修改的缺陷。

(5) Clear All:将所有的跟踪提示信息删除。

在图 6-27 所示对话框中显示了由于测试需求变化,需要跟踪的测试用例。切换到测试计划模块中,刷新测试计划模块,在测试计划模块中用红色叹号 ! 标记出受影响的测试用例,如图 6-28 所示,检查测试用例后,可把标记删除。在图 6-28 所示的对话框中单击 按钮可删除某条标记。查看了某条通知后,红色叹号变为蓝色叹号。

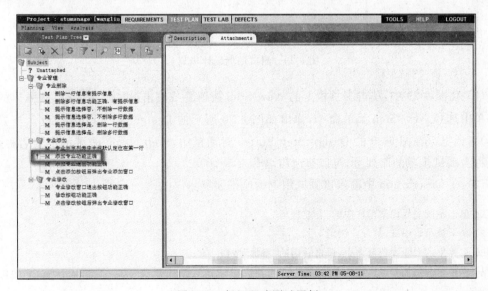

图 6-28　标记跟踪测试用例

6.3.7 构建测试用例测试步骤

创建测试用例之后,下一步准备构建测试用例,通过定义测试步骤来构建测试用例,步骤中包括需要执行的操作、输入数据和期望的输出,一个步骤中也能够包括参数。

可以针对手动测试用例或自动测试用例创建步骤。对于手动测试用例,需要添加测试用例的步骤。对于自动化测试,则需要创建自动化测试脚本,用 HP 的测试工具、自定义的或第三方的测试工具可完成自动化脚本。

在测试树视图下,如图 6-1 所示的树状视图中,使用 Design Steps 选项卡为测试用例设计步骤。创建测试步骤如下。

(1) 在测试计划树上选择已创建的测试用例"添加专业功能正确",并单击 Design Steps 选项卡,如图 6-29 所示。

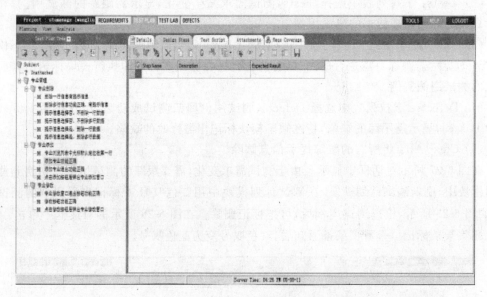

图 6-29 测试用例设计步骤

(2) 在图 6-29 中,单击工具栏上的 New Step 按钮或右击设计步骤表格,从弹出的快捷菜单中选择 New Step 菜单命令,弹出如图 6-30 所示的 Design Step Editor(设计步骤编辑器)对话框。在图 6-30 的 Design Step Editor 对话框中,Step Name 框显示步骤名称,默认名称为测试步骤的序列号,可以修改该名称。

(3) 在 Description 中输入该测试用例的全部步骤:

1. 单击系统主界面菜单栏中的"专业管理"
2. 在下拉菜单中选择"专业浏览"
3. 在弹出的专业浏览窗体中,单击右侧的"添加"按钮
4. 在弹出的添加专业的窗口中,输入专业相关信息,名称:管理学、编号:zy001,单击"确定"按钮

(4) 在 Expected Result 中输入测试用例的期望结果:

1 系统弹出新窗口,新窗口中显示:专添加成功,专业被添加到数据库

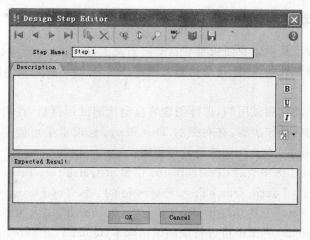

图 6-30 步骤编辑器

（5）如果想在测试用例中使用不同的数据，可在图 6-30 中单击 Insert Parameter 按钮来插入一个参数，该参数值需要在测试实验室即执行测试模块中执行该测试用例时输入。如何执行测试用例详见第 7 章。

（6）选择 OK 按钮，关闭 Design Step Editor（设计步骤编辑器）对话框，返回到设计步骤页面中，表格中添加了这些测试步骤，如图 6-31 所示，构建了测试步骤的测试用例的图标变为 M。

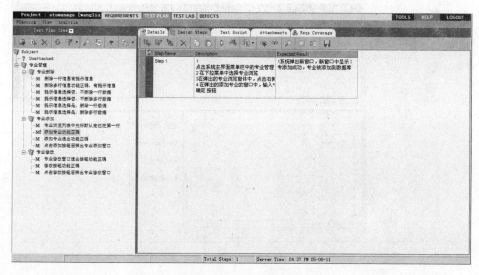

图 6-31 添加步骤

（7）参考步骤（1）～（6），依据附录 C，构建所有测试用例步骤。

注意：构建测试用例的步骤时，也可将步骤（3）中的 4 条步骤分别添加到一条步骤中（即一条步骤对应一个 step）即创建 4 条步骤，在 TestDirector 中如何构建测试步骤没有严格的标准，只要将测试用例的步骤添加到 TestDirector 中即可。添加完一条步骤后记得保存，因为 TestDirector 只是在退出设计步骤选项卡时才保存步骤。

6.3.8 创建自动化测试脚本

测试计划阶段已经决定要使用哪些自动化测试工具,要针对哪些模块进行自动化测试等。根据自动化测试计划,设计自动化测试用例,对于自动化的测试用例还需要创建自动化测试脚本。

假设已创建自动化测试用例,选择创建的自动化测试用例后,在右侧的 Design Setp 选项卡中添加该用例的操作步骤,在右侧的 Test Script 选项卡中可创建自动化测试脚本,以 QuickTest Professional 9.0 为例来做简单说明。

单击 Test Script 选项卡后,TestDirector 中显示 QuickTest Professional 的主界面,如图 6-32 所示,单击 Lauch QuickTest Professional 后,TestDirector 会连接本机上的 QuickTest Professional 工具并打开 QuickTest Professional 工具,如图 6-33 所示,在打开的 QuickTest Professional 界面中可进行录制编辑脚本(QuickTest Professional 基本使用请参考《软件功能测试——基于 QuickTest Professional 应用》一书的内容),编辑完成后,单击"保存"按钮,则 QTP 脚本保存到 TestDirector 当中。其他类型的自动化的测试用例的脚本创建过程与以上过程类似。关于使用 QuickTest Professional 工具进行自动化测试脚本创建过程可参考第 10 章。

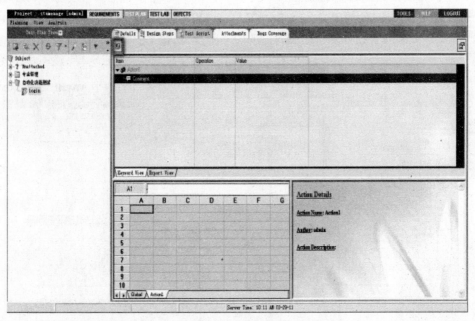

图 6-32　创建脚本

注意:在 TestDirector 8.0 中调用 QuickTest Professional 工具,TestDirector 会连接本计算机上的 QuickTest Professional 工具,保证本计算机上已经安装了 QuickTest Professional 工具及插件。另注意 TestDirector 8.0 与 QuickTest Professional 10.0 之间不兼容。

6.3.9 分析测试计划

TestDirector 能够产生详细的报告和图表来帮助用户分析全部的测试过程。测试用例制定好后,可以把测试用例转化为图表或报告。

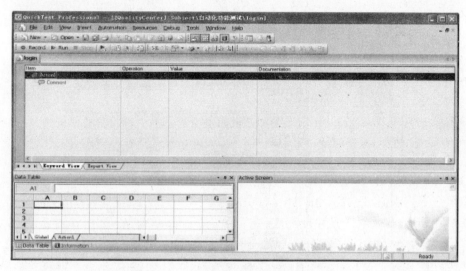

图 6-33　QuickTest Professional 的主界面

1. 生成报告

把刚刚建好的测试用例生成一个报告,这个报告可以根据需要可添加一些个人定制的内容,并把它保存成个人喜好的报告模式便于以后使用。

(1) 打开 TEST PLAN 模块,选择 Analysis|Reports|Standard Test Planning Reports 菜单命令,弹出标准的报告模式,如图 6-34 所示。可根据实际情况选择生成不同的报告类型,如只显示测试用例、显示包含测试用例步骤的报告、显示测试用例及覆盖的测试需求等报告类型。

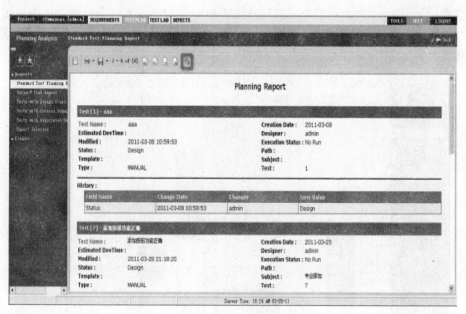

图 6-34　标准报告

(2) 在图 6-34 所示的页面中,单击 Configure Report and sub-reports ,打开报告自定义对话框,如图 6-35 所示,可以自定义报告中每一页显示的测试用例数、每个测试用例中显

示的字段以及字段显示的顺序,是否显示历史记录等,设置完毕后单击 Generate Reports 按
钮 📇,重新生成报告。

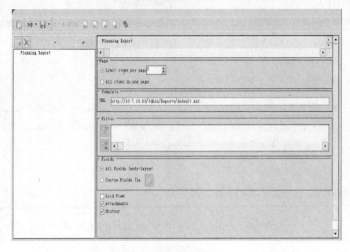

图 6-35　配置报告

(3) 如果要将步骤 2 中的设置保存为个人爱好,在图 6-34 中单击工具栏上的 Add to
Favorites 按钮 ★,并在系统提示的保存对话框中输入名称即可,在以后生成报告时,可以选
择这个个人定制报告名称,系统会生成相同条件的报告。

2. 生成图表

TestDirector 提供了用户生成图表的功能,图表用于分析一个项目中不同类型数据之
间的关系,TestDirector 允许用户定制统计图表和相应的显示方式。生成图表的过程如下。

(1) 打开 TEST PLAN 模块,选择 Analysis|Graphs|Summary|Group by Status 菜单命令,
弹出测试用例统计图表,如图 6-36 所示,默认情况下,统计图是按照 Status 进行分组的。

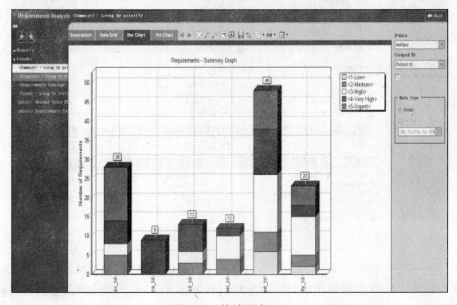

图 6-36　统计图表(1)

（2）定义一个数据筛选，单击 Filter 按钮，弹出 Filter 对话框，如图 6-37 所示，输入测试主题 Subject 的筛选条件，单击 OK 按钮关闭对话框。可以在 Filter 对话框中设置不同的过滤条件。

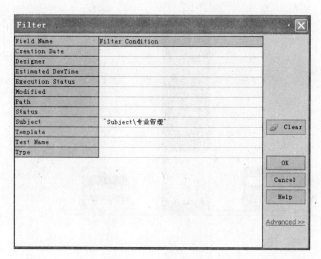

图 6-37　数据过滤

（3）在图 6-36 所示页面中单击 Refresh 按钮，刷新图表，得到的统计图表如图 6-38 所示。

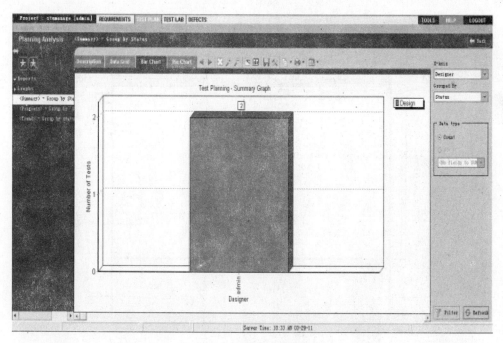

图 6-38　统计图表（2）

（4）从 X-Axis 列表中选择 Planed Version 作为图的横坐标，刷新统计图，如图 6-39 所示，这里可以对不同版本的需求数目进行统计。可以从 X-Axis 列表中选择不同的内容作为图的横坐标。

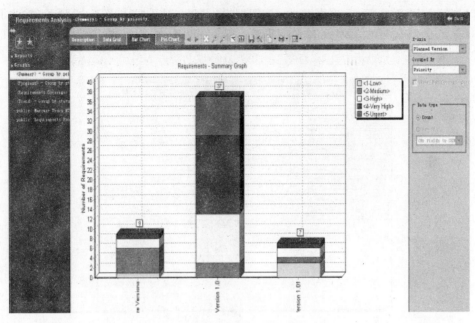

图 6-39 统计图表(3)

（5）在图 6-39 所示的页面中，任选一个柱形模块，单击鼠标，系统显示该柱形块的详细信息，如图 6-40 所示。

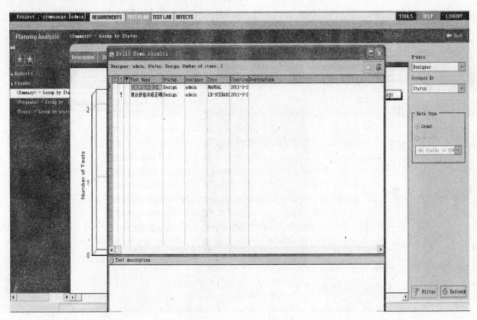

图 6-40 详细信息

（6）在图 6-36 所示的页面中，通过单击图表上方不同的选项卡，可显示不同样式的图表，如饼状图、柱形图等，根据公司情况选择不同的图形，如图 6-41 所示。

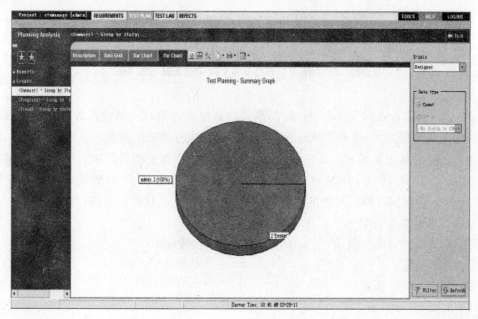

图 6-41　统计图

6.4　同步训练

6.4.1　实验目标

熟练使用测试计划管理。

6.4.2　前提条件

(1) 正确安装了 TestDirector,且能够正常使用。
(2) 测试需求模块添加测试需求完成。

6.4.3　实验任务

(1) 针对上一章实验任务中的测试需求设计测试主题,在各个主题中设计测试用例。
(2) 给每个测试用例设计测试步骤。
(3) 给自动化测试用例添加测试脚本。
(4) 关联测试用例和测试需求。

第7章 测试实验室管理

上一章,介绍了使用 TestDirector 的测试计划模块对测试用例进行管理的过程,那么,当测试用例设计好之后,就需要执行这些测试用例。执行测试用例是测试过程的核心,测试用例执行之后的结果是通过还是失败?如果失败了,需要提交相应的缺陷报告,缺陷报告修复后,还需要返测,另外,在测试过程中可能还要进行多次回归测试,那么如何使用 TestDirector 管理执行测试用例的过程呢?本章针对以上的执行过程进行阐述。

本章讲解的主要内容如下:

(1) 测试实验室模块概述;

(2) 视图概览;

(3) 测试实验室步骤;

(4) 测试集管理;

(5) 执行测试用例;

(6) 分析测试执行情况。

7.1 测试实验室模块概述

执行测试用例是测试过程的核心,TestDirector 能够管理执行用例的过程,并跟踪执行用例的结果,设置测试用例执行的时间和条件。通过测试过程管理主界面中的 TEST LAB 模块来实现项目的执行测试用例的过程管理。

7.2 视 图 概 览

TEST PLAN 模块有多种视图可用,每种视图显示内容的方式不同,现将各种视图介绍如下。

7.2.1 测试集树视图

在该测试集树视图中左侧显示测试集的树状结构,将测试集分类,右侧显示每个测试集中的测试用例、测试集中各个测试用例的执行时间和执行条件、测试集属性。如图 7-1 所示,此视图使用的较多一些。

7.2.2 测试集表格视图

单击 Test Sets Grid 选项卡,进入测试集表格视图界面,在测试集表格视图方式下,显示每个测试集中的测试用例、测试集中各个测试用例的执行时间和执行条件、测试集属性等内容,如图 7-2 所示。

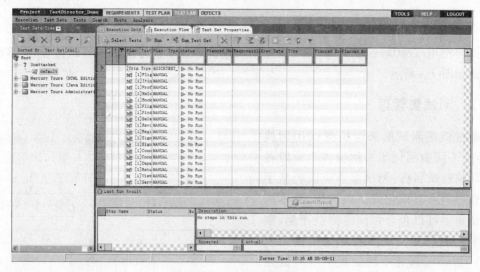

图 7-1　测试集树视图

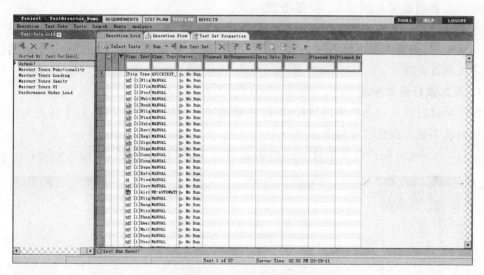

图 7-2　测试集表格视图

7.3　测试实验室

　　整个执行用例的测试过程,可划分成不同的阶段,每个阶段可使用不同的测试方法如功能测试、界面测试、回归测试、性能测试、自动化功能测试等,每个阶段在 TestDirector 中可通过测试集合来分组,从而能够更好的管理执行测试用例的过程。

　　下面,将使用第 2 章介绍的学生信息管理系统作为案例来讲解测试实验室模块如何使用,针对学生信息管理系统中的专业管理模块来进行测试,执行该模块的测试用例,前提是用例已经在测试计划模块中已经创建并构建测试步骤。

7.3.1　测试实验室模块的步骤

如何使用 TestDirector 中测试实验室模块来管理整个执行用例的测试过程,具体的操作步骤如图 7-3 所示。

7.3.2　测试集管理

通过创建测试集来组织测试用例执行,运行不同的测试集来达到各个阶段各种不同的测试目标,测试集中可以包括手工测试用例和自动化测试用例等,在不同的测试集中可以包含相同的测试用例,测试集中的测试用例又叫做测试用例实例(Test Instance),各个测试集中的测试用例实例的执行结果会被分开存储。

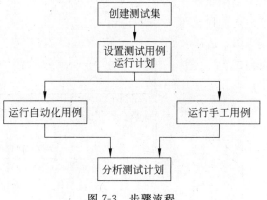

图 7-3　步骤流程

对于需要创建哪些测试集,需要考虑在整个测试过程定义的测试目标。例如可以创建测试集:各功能模块集、基本功能流程集、性能测试集等,测试集要根据当前被测项目的实际情况来分类。在 TestDirector 中测试集又包含在测试主题下。

1. 添加执行测试主题

根据测试过程中定义的测试目标,可以把测试过程划分为多个阶段,每个阶段可创建一个执行测试主题。创建过程如下。

(1) 以 wangliu 账户登录项目 stumanage,单击 TESTLAB 模块,如图 7-4 所示。

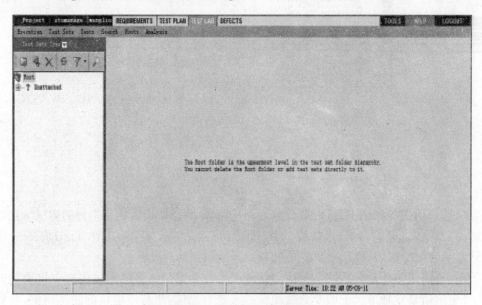

图 7-4　测试实验室树视图

(2) 在图 7-4 测试集树视图页面选择左侧的树状结构的 Root 文件夹,单击工具栏上的

New Folder 图标，或选择 Test Sets|New Folder 菜单命令，弹出 New Folder(新建文件夹)
对话框，如图 7-5 所示。

（3）在 New Folder(新建文件夹)对话框中的
Folder Name 文本框中输入执行测试主题名称"模块基
本功能测试"，单击 OK 按钮，执行测试主题会被添加
到左边的测试集列表中。

图 7-5　新建执行测试主题

（4）执行步骤（1）～步骤（3），在主题"模块基本功
能测试"下，添加下一级主题：专业管理，添加完成后，如图 7-6 所示。

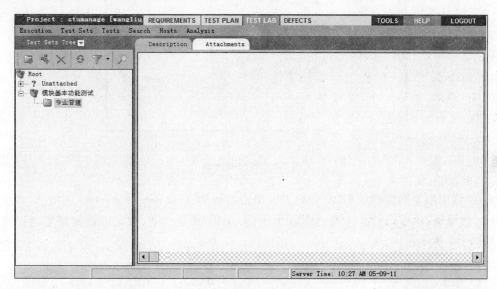

图 7-6　添加执行测试主题

2. 添加测试集到执行测试主题

确定如何要执行测试后，就可以创建测试集了。选择刚刚创建的执行测试主题"专业管
理"，给该执行测试主题添加测试集。操作步骤如下。

（1）在图 7-6 所示界面中添加了执行测试主题后，选择执行测试主题"专业管理"，单击
工具栏上的 New Test Set 按钮，或选择 Test Sets |
New Test Set 菜单命令，弹出 New Test Set(新建测试
集)对话框，如图 7-7 所示。

（2）在 New Test Set 对话框的 Test Set 文本框中输
入测试集名称"专业添加"。注意，测试集名称中不能够
包括字符：/ ^,"等。

（3）在 Description 框中，为测试集输入详细描述
信息。

（4）单击 OK 按钮，测试集"专业添加"，会被添加到
执行测试主题"专业管理"下，如图 7-8 所示。

图 7-7　新建测试集

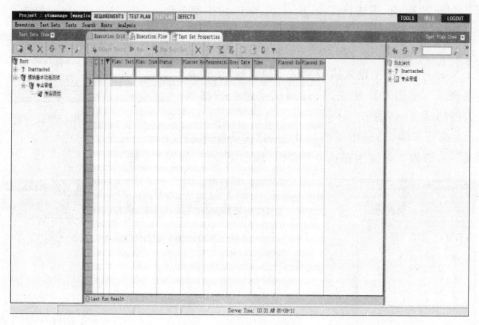

图 7-8　添加测试集

（5）选中刚添加的测试集"专业添加"，单击右侧的 Test Set Properties 选项卡，并选择 Details 超链接，或者选择 Test Sets | Test Set Details 菜单命令，会显示该测试集的详细信息，如图 7-9 所示。

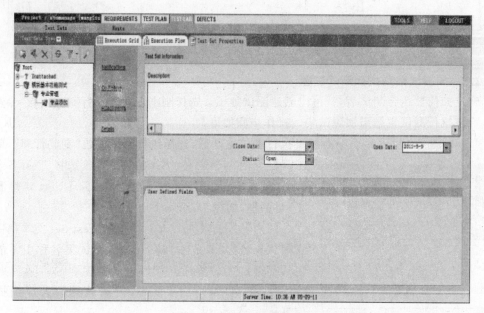

图 7-9　测试集详细信息

在图 7-9 所示的测试集详细信息页面中各含义如下。

① Open Date 下拉框：默认情况下，显示服务器当前日期。

② 在 Close Date 下拉框：选择计划关闭测试集的日期。

③ 在 Status 下拉框：为测试集选择状态——Open 或 Closed。

（6）单击 Attachments 超链接，可添加附件。附件可以是一个文件、URL、应用程序快照、从剪贴板的图像或系统信息等类型。

（7）单击 Notifications 超链接，可设置 TestDirector 在某种事件产生时，发一封 E-mail 给指定的用户。后面将详细介绍。

（8）单击 On Failure 超链接，对于测试集中的自动测试，设置在测试失败事件下的规则。后面将详细介绍。

（9）重复步骤 1-4，添加测试集："专业修改"、"专业删除"、"专业流程测试"。添加完成后，如图 7-10 所示。

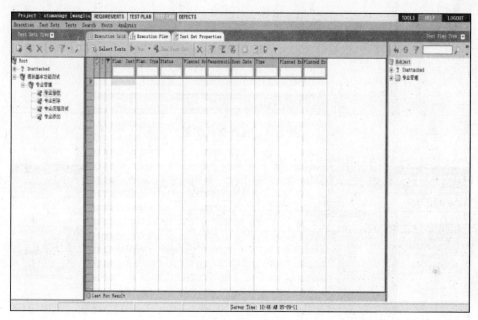

图 7-10　测试集树

3. 添加测试用例到测试集合

定义了测试集之后，就可以往测试集中添加测试用例。选中刚添加的测试集"专业添加"，给该测试集添加测试用例，具体操作步骤如下。

（1）在图 7-10 所示的测试集树中选择刚刚添加的测试集"专业添加"。

（2）单击右侧窗口的 Execution Grid 选项卡。

（3）在该选项卡中单击工具栏上的 Select Tests 按钮 Select Tests，将会在右边显示测试计划模块中添加的测试计划树，如图 7-11 所示。

（4）在图 7-11 测试计划树中搜索特定的测试用例：在 Find 输入框中输入所要搜索的测试用例的名称"专业添加"（或部分名称），并单击 Find 按钮，TestDirector 会依次查找符合条件的文件夹或测试用例，如果搜索成功，TestDirector 会在树中高亮显示此测试用例，如图 7-12 所示。

（5）在测试计划树中选择测试用例"添加专业功能正确"。

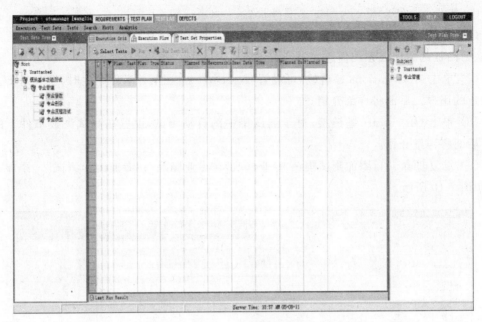

图 7-11　选择测试用例

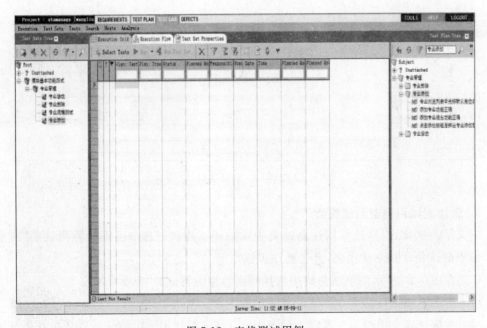

图 7-12　查找测试用例

（6）单击 Add Tests to Test Set 按钮 ，该测试用例被添加到执行网格中，如图 7-13 所示。

（7）单击 Close 按钮 去隐藏测试计划树。

（8）重复步骤（1）～步骤（6），给测试集"专业修改"、"专业删除"、"专业流程测试"添加测试用例。"专业流程测试"集主要针对专业添加、修改、删除整个流程测试。

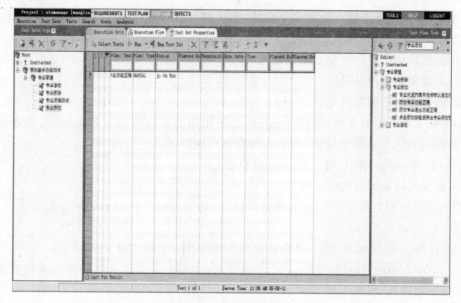

图 7-13　添加测试用例

4. 测试集合属性

针对添加的测试集,可设置测试集属性,那么测试集会按照设置的属性来运行。

1) 设置测试集运行通知规则

当某个测试集执行中出现如下事件时,可以设定 TestDirector 发送一封 E-mail 给指定的用户。具体设置如下。

(1) 在图 7-13 所示界面中,从左侧测试集列表中选择测试集"专业添加"。

(2) 单击右侧的 Test Set Properties 选项卡,则显示"专业添加"测试集的属性页面,单击 Notifications 超链接,如图 7-14 所示。

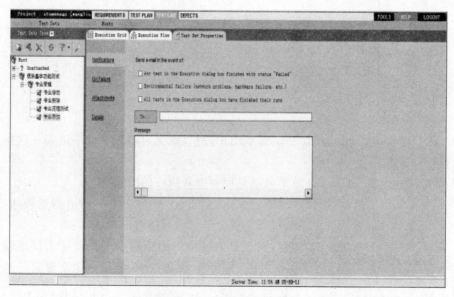

图 7-14　测试集通知规则

（3）从复选框中选择一个或多个事件，当选择的事件发生时，TestDirector 会发送邮件给相关用户。可选择的事件如下。

① 测试集中任何一个测试用例执行失败。

② 出现网络或硬件错误。

③ 所有测试用例执行完毕。

（4）在文本框中输入有效的 E-mail 地址来指定哪些人可以收到 E-mail，或者单击 To 按钮，选择收件人对话框被打开，从中选择合适的收件人。

（5）在 Message 框中，输入 E-mail 信息。

2）设置测试集运行失败规则

当测试集中的某个自动化测试用例失败时，可以设定 TestDirector 如何处理。具体设置如下。

（1）在图 7-13 所示界面中，从测试集列表中选择一个测试集。

（2）单击右侧的 Test Set Properties 选项卡，则显示专业添加测试集的属性页面，单击 On Failure 超链接，如图 7-15 所示。

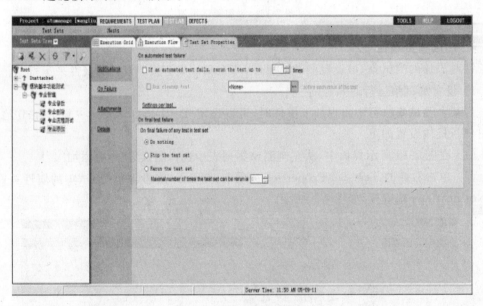

图 7-15　测试集失败规则

（3）在 On automated test failure 选项组中，可以定义自动化测试用例第一次执行失败时重复执行的次数。

① 单击第一个复选框，可以设定自动化用例重新执行的次数。

② 选中第二个复选框，可设置清理测试用例（Clean Up Test）。单击浏览按钮，可在弹出的 Select Clean Up 对话框中的测试计划树上选择需要清理的测试用例。

③ 单击 Setting Per Test 超链接，可设置测试集中的任何一个自动化测试用例的失败规则，弹出 On Test Failure（测试失败规则）对话框，如图 7-16 所示。此设置只针对自动化测试用例。

④ 对于测试集中的任何自动化测试用例，都可以修改默认的失败规则，单击 OK 按钮

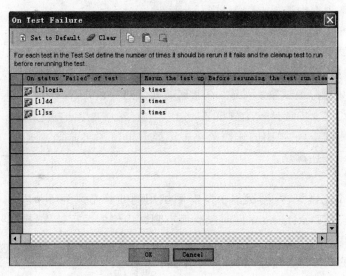

图 7-16　每个测试用例设置

确认。

(4) 在 On final test failure 选项组中,可以定义自动化测试用例最终执行失败时 TestDirector 如何处理。可以选择如下选项。

① 什么都不做。

② 停止该测试用例。

③ 重新执行该测试集。

(5) 在实际工作中可根据情况选择某项。

5. 维护测试集

在测试过程中,可以维护测试集,可以从测试集中移除测试用例,复制测试集、重命名测试集或删除测试集,也可以从测试集中删除测试用例运行结果。

1) 从测试集中移除测试用例

(1) 从测试集列表中选择一个测试集,测试用例被显示在测试网格中。

(2) 选择要删除的测试用例,如果想在执行网格中一次删除多个测试用例,可按 Ctrl 键或 Shift 键,并选择要删除的测试用例。

(3) 单击 Remove Test(s) From Test Set 按钮✕。

(4) 单击 Yes 按钮确定。

2) 复制测试集

可以复制一个测试集到另外的文件夹或另外的 TestDirector 工程项目中,但测试用例的运行信息是不能够被复制的,操作步骤如下。

(1) 从测试集列表中选择一个测试集。

(2) 右击该测试集,从弹出的快捷菜单中选择 Copy 菜单命令。

(3) 找到目标文件夹或另外 TestDirector 工程项目的文件夹,右击,从弹出的快捷菜单中选择 Paste 菜单命令,来粘贴测试集。

3) 重命名测试集

可以重命名一个测试集。注意,不能重命名默认的测试集,操作步骤如下。

（1）从测试集列表中选择一个测试集。

（2）右击该测试集，从弹出的快捷菜单中选择 Rename 菜单命令。

（3）输入测试集的名称，并按 Enter 键。

4）删除测试集

可以从工程中删除测试集。注意，不能删除默认的测试集，操作步骤如下。

（1）从测试集列表中选择一个测试集。

（2）右击该测试集，从弹出的快捷菜单中选择 Delete 菜单命令。

（3）单击 Yes 按钮确认。

5）重置测试集

可以重置一个测试集，将测试集中所有测试用例的状态改为 No Run。当重置测试集时，可以决定是否让 TestDirector 同时删除所有测试用例的运行结果，操作步骤如下。

（1）从测试集列表中选择一个测试集。

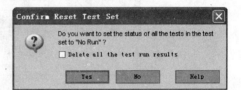

（2）右击该测试集，从弹出的快捷菜单中选择 Reset Test Set 菜单命令，弹出 Confirm Reset Test Set（重置测试集）对话框打开，如图 7-17 所示。

（3）若要删除测试集中测试用例的运行结果，则需要选择 Delete all the test run results in the set 复选框。

图 7-17　重置测试集确认

（4）单击 Yes 按钮确认。

6）清空测试集中运行记录

每次运行测试集中的测试用例，TestDirecor 都会记录用例的运行结果，随着执行用例的次数增加，用例的运行结果也会越来越多，对于不需要保留的运行结果可以删除。具体操作步骤如下。

（1）右击一个测试集或选择 Test Sets|Purge Runs 菜单命令，Step1 of 4：Select Test Sets to Purge（选择清空测试集）对话框被打开，从中选择需要清空运行记录的测试集。使用箭头可移动测试集到列表中，如图 7-18 所示。

（2）在 Step1 of 4：Select Test Sets to Purge（选择清空测试集）对话框中单击 Next 按钮，弹出 Step2 of 4：Choose Type of Purge（选择清空类型）对话框，可以选择清空的类型，如图 7-19

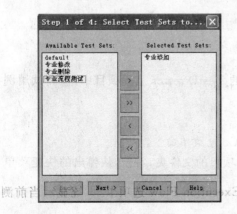

图 7-18　清空步骤 1

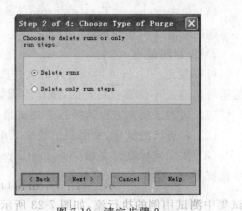

图 7-19　清空步骤 2

所示,默认选项为 Delete runs,此时 TestDirecto 将删除所选择测试集的所有运行的信息。若想要求 TestDirector 仅仅去删除运行步骤,选择 Delete only run Steps 单选按钮。

(3) 在 Step2 of 4:Choose Type of Purge(选择清空类型)对话框中单击 Next 按钮,打开 Step3 of 4:Define Conditions for Purge(定义清空条件)对话框,可以定义清空的条件,如图 7-20 所示。

在图 7-20 清空步骤 3 中各内容含义如下:

① 在 Delete runs older than 栏,选择准备删除针对当前测试用例运行结果的之前的某个时间段如 2 天或 2 周的运行信息。

② 在 Keep last 列表中,可设置对于每个测试用例,要保存最后几次测试用例运行结果。注意,仅仅当在第 2 步中选中 Delete runs 时,这个选项才有效即可用。

(4) 在 Step3 of 4:Define Conditions for Purge(定义清空条件)对话框中单击 Next 按钮,打开 Step4 of 4:Confirm Purge Request(确认清空要求)对话框,显示执行删除的概要信息,查看概要信息,如图 7-21 所示。

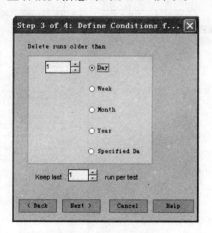

图 7-20   清空步骤 3

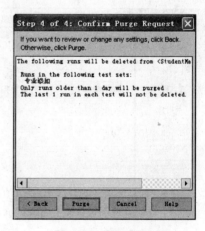

图 7-21   清空步骤 4

(5) 单击 Purge 按钮进行确认。

7.3.3   设置测试用例执行流程

定义好测试集后,在测试集运行时,可以控制测试集中各个测试用例的运行计划即制作一个用例执行流程。在执行流程中,可以为执行的测试用例指定日期和时间,以及设置条件,这对于自动化测试是非常重要的。

下面就为学生信息管理系统的专业增加、专业修改、专业删除设计一个执行流,来定义测试用例的执行时间、执行条件和执行顺序。操作步骤如下。

(1) 在图 7-13 所示界面中,在左侧的测试集树列表中选择测试集名称"专业流程测试"。

(2) 给该测试集,添加测试用例"添加专业功能正确"、"修改按钮功能正确"、"删除一行信息有提示信息"、"提示信息选择是,删除一行数据"4 个测试用例,如图 7-22 所示。

(3) 在图 7-22 所示界面中,单击窗口右侧的 Execution Flow 选项卡,系统显示当前测试集中测试用例的执行流,如图 7-23 所示。

(4) 右击测试用例"修改按钮功能正确",从弹出的快捷菜单中选择 Test Run Schedule

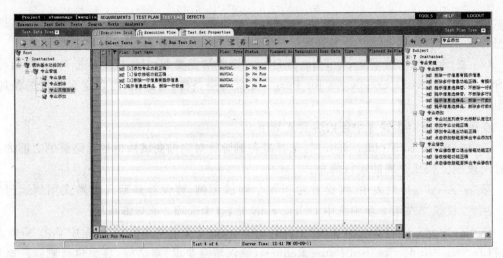

图 7-22　专业流程测试集

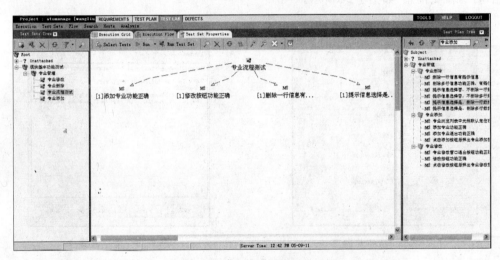

图 7-23　专业流程测试执行流

菜单命令,弹出 Run Schedule of Test 对话框,如图 7-24 所示。

(5) 在 Run Schedule of Test 对话框中单击 New 按钮,弹出 New Execution Condition 对话框,如图 7-25 所示。

图 7-24　运行计划

图 7-25　执行条件

（6）在 New Execution Condition 对话框中的 Test 下拉列表中选择"添加专业功能正确"，在 is 下拉列表中选择 Passed，也就是说"修改按钮功能正确"这个测试用例只有在"添加专业功能正确"用例执行通过的时候才开始运行。在 Comments 中输入相关的说明文字后单击 OK 按钮，这个执行条件被加到"修改按钮功能正确"的执行计划表中，如图 7-26所示。

图 7-26　添加执行条件

（7）在图 7-26 所示对话框中单击 Time Dependency 选项卡，为专业修改添加一个时间依赖条件，如图 7-27 所示，选择 Run At Specified Time 单选按钮，并在 Date 下拉列表框中设定该测试用例的执行时间，如选择当前时间的第二天执行。

图 7-27　添加时间设置

（8）单击 OK 按钮，关闭 Run Schedule of Test 对话框后，系统显示的测试执行流程如图 7-28 所示，其中增加了一个小时钟，并且在测试用例"添加专业功能正确"和测试用例"修改按钮功能正确"之间增加了一条箭线。

（9）使用相同的方式，为"删除一行信息有提示信息"、"提示信息选择是，删除一行数据"设定执行条件，使"删除一行信息有提示信息"在"修改按钮功能正确"执行完成后执行，时间设为 2011-5-10，使"提示信息选择是，删除一行数据"在"删除一行信息有提示信息"执行通过后执行，时间设为 2011-5-10，设定完毕后结果如图 7-29 所示。

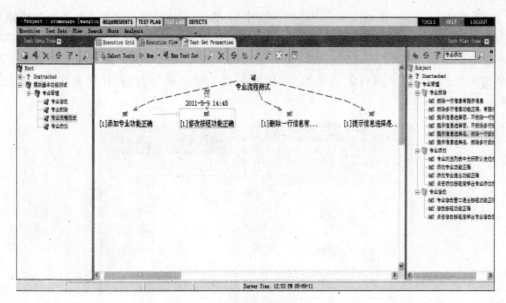

图 7-28　测试执行流程 1

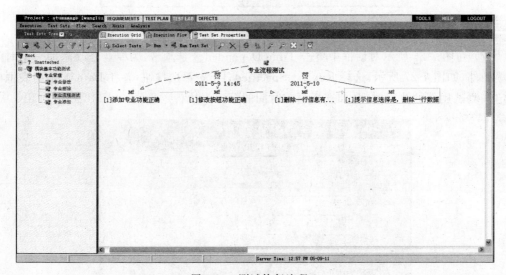

图 7-29　测试执行流程 2

（10）为了更加清晰的浏览 3 个测试用例之间的依赖关系，可以单击工具栏上的 Perform Layout 按钮，让执行流程图重修排列，重新排列后的结果如图 7-30 所示。

7.3.4　执行测试用例

测试用例的执行流程设定好后，就可以按照执行流程来运行测试用例了。测试用例又分为手工测试用例和自动测试用例，用例执行过程中如果发现缺陷，需要提交缺陷，当开发人员修复缺陷后，再次执行该用例，检查缺陷是否被修复成功。

1.　手动运行测试用例

执行手工测试用例的过程，就是根据测试用例的步骤来操作被测应用程序的过程。在

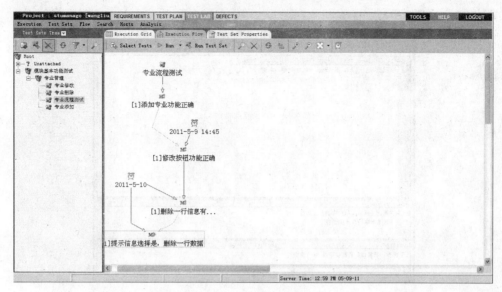

图 7-30　重排测试执行流程

操作过程的每一步中,都要将实际结果和预期结果进行比较,如果二者有不符合的地方,标记出用例执行结果为 Pass 或 Fail,可以把缺陷添加到缺陷模块中。下面演示如何进行手工测试用例的运行。

(1) 在 TEST LAB 模块中,选择"专业流程测试"测试集,单击右侧的 Execution Grids 选项卡,从执行网格中选中"添加专业功能正确"测试用例后,单击 Run 按钮则执行该条用例,弹出 Manual Runner Test Set:(手工执行测试集)对话框,如图 7-31 所示。

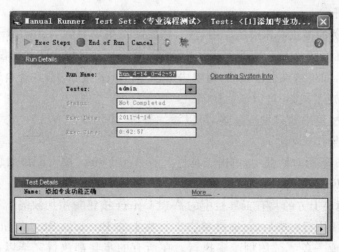

图 7-31　手动执行步骤 1

(2) 在 Manual Runner Test Set:(手工执行测试集)对话框中单击 Exec Steps 按钮,列出该测试用例的所有步骤,如图 7-32 所示。

(3) 在图 7-32 所示对话框中,可根据每一个步骤的描述可进行手工测试,并把每一步的实际输出添加到 Actual 一栏中。针对每一步的操作,可以通过工具栏上的 Pass Selected

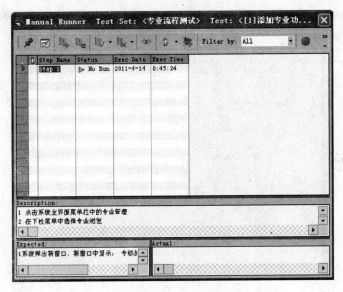

图 7-32　手动执行步骤 2

和 Fail Selected 按钮来定义测试结果的状态。执行测试用例还可以采用另一种方式执行见步骤(4)。另外需要注意的是如果在执行用例时发现测试用例步骤描述的有问题,可对测试用例步骤进行添加或删除,可通过单击工具栏上的 █ █ 来实现测试用例步骤的维护。

(4) TestDirector 还提供了另外一种分步骤执行测试用例的简洁方式,该方式适合于用例有多条步骤的情况。该种方式操作如下,在图 7-32 所示对话框中单击工具栏上的 Compact View 按钮 █ (即从左方数第二个按钮),弹出对话框,如图 7-33 所示,在这种方式下只显示一条步骤。

(5) 按照用例的描述操作被测应用程序,将实际结果填写到 Actual Result 一栏。如果测试结果是正确的,则单击 Pass Selected 按钮 █ ,系统自动将该步骤状态设置为 Passed,并进入到下一步,如果结果是错误的,则单击 Fail Selected 按钮 █ ,系统自动把该步骤状态置为 Failed 即发现了缺陷,可以添加缺陷。

(6) 在执行过程中如果发现缺陷,可以添加缺陷,添加缺陷有 3 种方式如下,具体的添加缺陷对话框的操作见第 8 章。

① 在图 7-33 所示对话框中,单击工具栏上的 Add Defect 按钮 █ 添加缺陷。

② 通过 DEFECTS 模块添加缺陷。

③ 单击本模块上方的共有工具栏中的 Add Defect 按钮 █ 添加缺陷。

(7) 当前步骤执行完毕后,可通过单击工具栏上的 Previous Step 按钮或 Next Step 按钮切换到前一条或一条测试用例步骤执行。在所有的步骤都执行完毕以后,单击 Back to Steps Grid 按钮 █ 回到测试用例所有步骤对话框中,如图 7-34 所示显示了所有的测试用例步骤和执行结果,选择某条步骤即可查看该条步骤的执行结果。

(8) 在图 7-34 所示对话框中单击 End of Run 按钮 █ 结束测试用例后,可以在 Execution Grid 选项卡中看到该测试用例的最终执行结果,单击某个测试用例后,还可以在 Last Run Result 细节窗口中看到测试用例的每一条步骤的执行情况,如图 7-35 所示。

图 7-33 手动执行步骤 3

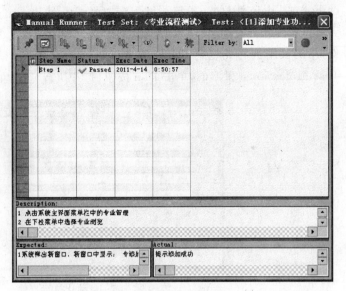

图 7-34 手动执行步骤 4

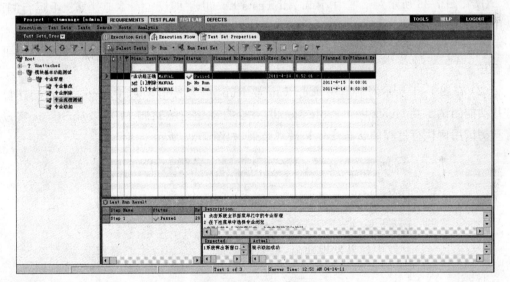

图 7-35 手动执行步骤 5

(9) 参考步骤(1)～步骤(8)将测试用例全部执行。

2. 自动运行测试用例

TestDirector 执行自动化测试用例时,TestDirector 会自动打开所选择的自动化测试工具,在本地或远程的计算机上运行测试用例,并将测试结果输出到 TestDirector 中。

下面说明自动测试用例的执行过程,假设在测试计划模块已经添加了自动化测试用例 login。

注意:在执行测试之前,必须确定相应的自动化测试工具已经成功安装到本计算机上, 主要讲解在本计算机上运行自动化测试用例。

(1) 在 TEST LAB 模块的左侧测试集列表中,添加自动化功能测试执行主题,在该主题下添加 Login 测试集,给该测试集添加测试用例 Login(添加执行主题、测试集、测试用例到测试集操作详见第 7.3.2 节),选中 Execution Grid 选项卡中执网格中的 Login 测试用例,从测试用例的类型列中可以看出,Login 测试脚本是采用自动化功能测试工具 Quick Test Professional 录制的,单击 Run 按钮,打开执行窗口,如图 7-36 所示。

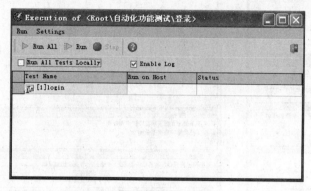

图 7-36 自动化执行步骤 1

① 在图 7-36 所示对话框中,Run All Tests Locally:即设定在本地计算机上运行测试。选中该选项,则列表中 Run On Host 列中显示本计算机名称。

② 在图 7-36 所示对话框中,Enable Log:启用日志,将运行中的信息记录到日志,可以查看日志。

(2) 在图 7-36 所示对话框中单击 Run 或 Run ALL 按钮,TestDirector 会自动连接并打开功能测试工具 QuickTest Professional,并会自动运行测试脚本,可以从 Status 字段中看到测试用例执行过程的状态变化和最终结果,如图 7-37 所示。

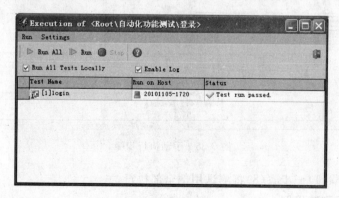

图 7-37 自动化执行步骤 2

(3) 执行完毕后,在图 7-37 所示对话框中单击 Close 按钮关闭执行窗口,在 Execution Grid 选项卡中的 Status 字段中显示了最终的执行结果,如图 7-38 所示。

(4) 测试用例执行完毕后,可以查看详细的结果信息,TestDirector 提供两种方式查看自动化测试用例的执行详细结果。

① 在图 7-38 所示对话框中单击 Launch Report 按钮,弹出 QuickTest Professional 的执行结果。

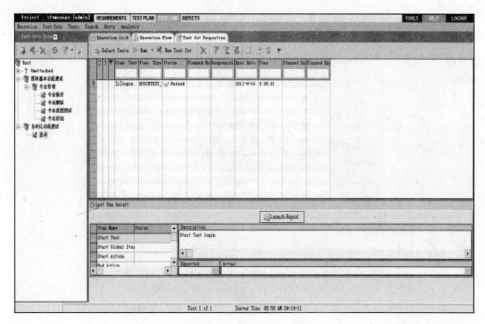

图 7-38　自动化执行步骤 3

② 在图 7-38 所示对话框中单击工具栏中的 Test Run Properties 按钮 📄，可以查看 TestDirector 的详细结果信息，如图 7-39 所示，单击 Launch Report 按钮，弹出 QuickTest Professional 的执行结果。

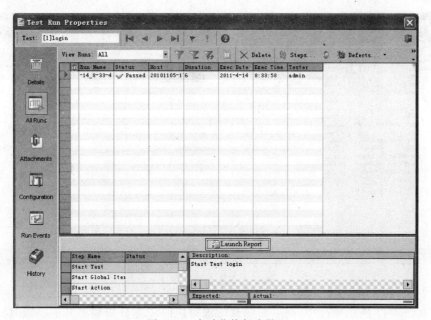

图 7-39　自动化执行步骤 4

注意：在 QuickTest Professional 中需要进行如下设置，才能在 TestDirector 中成功连接 QuickTest Professional 并运行脚本。选择 Tools | Options 菜单命令，设置如图 7-40 所示。

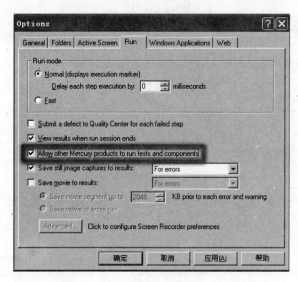

图 7-40　QuickTest Professional 设置

7.3.5　查看测试需求分析视图

当测试用例执行完毕之后，回过头来看测试需求，打开测试需求模块，切换到测试需求的 Coverage Analysis View 分析视图，根据覆盖分析覆盖分析块可以一目了然的查看每个测试需求对应的测试用例的执行状态，如图 7-41 所示。

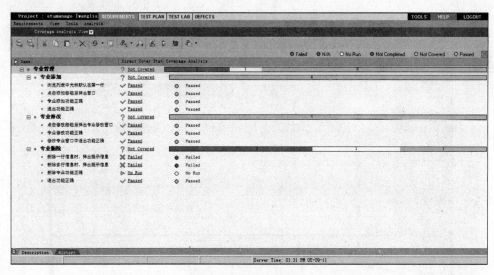

图 7-41　覆盖分析图 1

（1）在图 7-41 所示界面中，每一级测试需求对应的覆盖分析块是其下一级测试需求执行状态的汇总信息。专业管理测试需求对应的覆盖分析块中共有两个 Failed 失败的测试需求、1 个 No Run 未执行的测试需求、8 个 Passed 通过的测试需求，点开每个测试需求前的"＋"可查看详细的测试需求状态。

（2）单击某个测试需求的覆盖分析块如"专业删除"，则会弹出新窗口，单独显示该测试需求的覆盖分析块图,如图 7-42 所示,在图 7-42 中单击 Show Tests Coverage 超链接可查看覆盖此需求的测试用例信息,单击该覆盖分析块中不同颜色的覆盖分析块如 2 Failed,则显示该分析块的详细信息,如图 7-43 所示,在图 7-43 所示对话框中单击 Show Tests Coverage 超链接可查看覆盖此需求的测试用例信息。

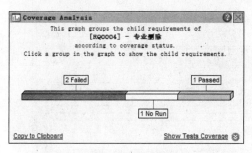
图 7-42　覆盖分析图 2

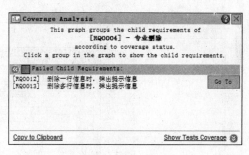
图 7-43　覆盖分析图 3

7.3.6　分析测试执行情况

TestDirector 能够产生详细的报告和图表来帮助用户分析全部的测试过程。测试用例执行完成后,人们可以把测试用例执行的过程转化为图表或报告。生成报告和图表是以 TestDirector 自带的案例来演示。

1. 生成报告

把执行的测试用例的情况生成一个报告,这个报告可以根据需要可添加一些个人定制的内容,并把它保存成个人喜好的报告模式便于以后使用。

(1) 打开 TEST LAB 模块,选择 Analysis|Reports|Current Test Set Reports 菜单命令,显示出当前测试集包含测试用例的报告,如图 7-44 所示。在图 7-44 所示界面左侧单击 Reports 下不同的报告类型,则会显示相应的报告内容。

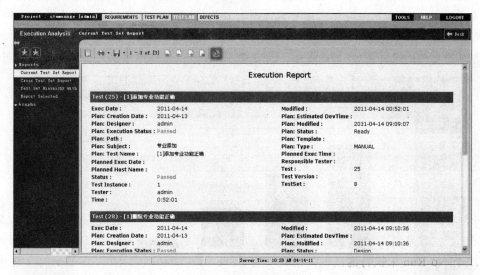
图 7-44　标准报告

(2) 单击图 7-44 界面左侧框中的 Configure Report and sub-reports 按钮,会打开自

定义报告对话框,如图 7-45 所示。在这个页面中可以自定义报告中每一页显示的项目数、每个项目中显示的字段以及字段显示的顺序,是否显示历史记录等,设置完毕后单击 Generate Reports 按钮🔳,重新生成报告。

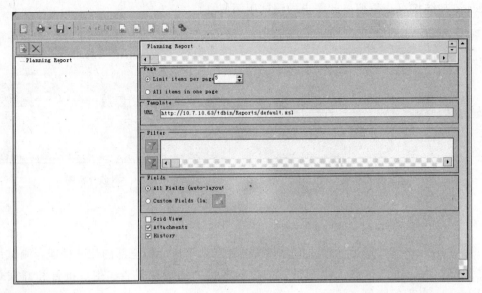

图 7-45　配置报告

(3) 如果要将设置保存为个人爱好,那么单击图 7-44 中的工具栏上的 Add to Favorites ⭐,并在系统提示的保存对话框中输入名称即可,在以后生成报告时,可以选择这个个人定制报告名称,系统会生成相同条件的报告。

2. 生成图表

TestDirector 提供了用户生成图表的功能,图表用于分析一个项目中不同类型数据之间的关系,TestDirector 允许用户定制统计图表和相应的显示方式。生成图表的过程如下。

(1) 打开 TEST LAB 模块,选择 Analysis|Graphs|Summary|Current Test Set 菜单命令,弹出当前测试集的统计图表,如图 7-46 所示。默认情况下,统计图是按照 Status 进行分组的。

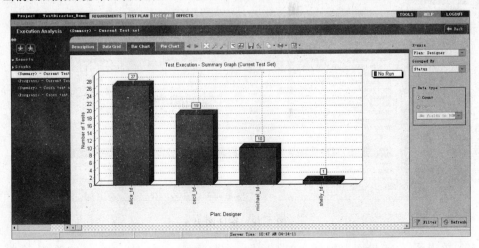

图 7-46　统计图表 1

（2）定义一个数据筛选，查看数据筛选后的测试集统计情况。单击 Filter 按钮，在弹出的 Filter 对话框中输入主题 Plan:subject 的筛选条件，如图 7-47 所示，单击 OK 按钮，关闭对话框。可以在 Filter 中设置不同的过滤条件。

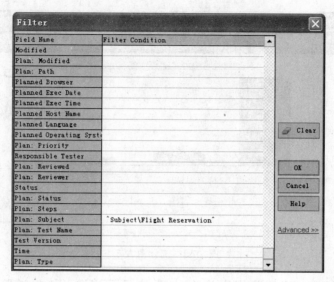

图 7-47　数据过滤

（3）在图 7-46 所示界面中单击 Refresh 按钮，刷新图表，得到的统计图表，如图 7-48 所示。

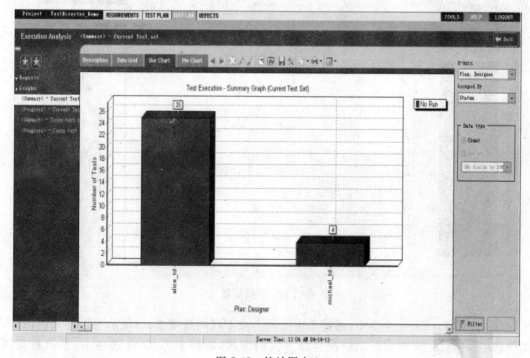

图 7-48　统计图表 2

（4）在图 7-46 所示界面中从 X-Axis 列表中选择 Planed：Type 作为图的横坐标，刷新统计图，如图 7-49 所示，这里可以对不同类型的测试用例数目进行统计，可以从 X-Axis 列表中选择不同的字段作为图的横坐标。

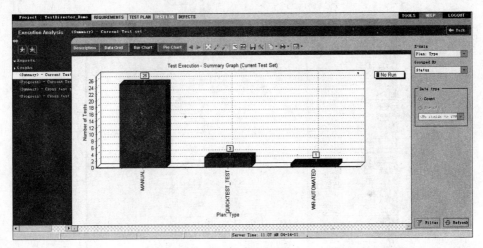

图 7-49　统计图表 3

（5）在图中任选一个柱状模块并单击，系统显示该柱形块的详细信息，如图 7-50 所示。

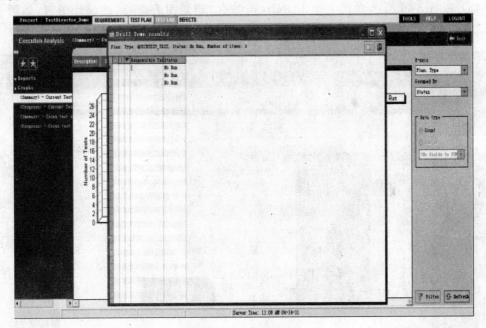

图 7-50　详细信息

（6）在图 7-46 所示界面中，通过单击图表上方不同的选项卡，可显示不同样式的图表，如饼状图、柱形图等，根据公司情况选择不同的图形，选择 Data Grid 选项卡，显示数据图表，如图 7-51 所示。

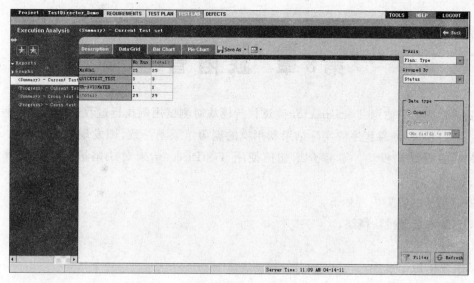

图 7-51 统计图

7.4 同 步 训 练

7.4.1 实验目标

熟练使用测试执行管理。

7.4.2 前提条件

(1) 正确安装了 TestDirector,且能够正常使用。
(2) 测试计划模块添加测试用例完成、构建测试步骤完成。

7.4.3 实验任务

(1) 在测试实验室模块建立相应的文件夹、测试集,测试集中添加测试用例。
(2) 执行这些用例(手动用例、自动化用例),对于手动用例,请按照用例手动操作测试软件"学生管理系统"。
(3) 执行用例过程中,如果发现用例不成功,可添加缺陷。
(4) 缺陷修复后,再次执行用例(手动用例、自动化用例),打开各个用例的运行属性,查看每次执行的结果。

第8章 缺陷管理

第7章介绍了使用 TestDirector 测试执行模块对测试用例执行过程进行管理。测试用例在执行过程中,如果程序的实际结果和用例的期望结果不一致,则发现了一个缺陷,需要将缺陷提交到缺陷模块。本章介绍如何使用 TestDirector 来对缺陷进行有效的管理及跟踪。

本章讲解的主要内容如下:

(1) 缺陷管理模块概述;

(2) 视图概览;

(3) 缺陷跟踪过程;

(4) 分析缺陷报告。

8.1 缺陷管理模块概述

软件测试的最终目的是除了确保应用程序正常使用外,尽可能多的发现缺陷,理想状态将所有缺陷修复成功,由此看来,对于软件缺陷的管理显得尤为重要。TestDirector 能够管理并跟踪缺陷的生命周期,能够时刻分析缺陷的统计情况,并且生成各种统计报表,从而了解当前软件质量的情况。

8.2 视图概览

DEFECTS 模块只有一种视图,即缺陷网格视图,下面介绍缺陷网格视图。

8.2.1 缺陷网格视图

缺陷模块是以缺陷网格视图方式显示所有缺陷,该视图中将缺陷以网格列表的形式显示,如图 8-1 所示。

在 DEFECTS 模块的缺陷网格中各部分内容如下。

(1) Description:查看缺陷的详细描述。

(2) History:查看缺陷的历史修改记录,记录哪些字段历史,由项目自定义管理中设置,详细内容参考第 4.4 节。

(3) R&D Comments:查看注释信息。

缺陷列表中每列字段内容的含义见表 8-1,表格中可以调整列表中列的顺序、列的显示(可显示用户自定义的列)、改变列的名称。

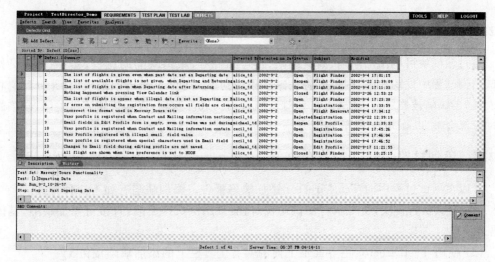

图 8-1　缺陷网格

表 8-1　缺陷列表

选　项	描　述
Actual Fix Time	缺陷被修复的时间
Assigned To	将缺陷分配给相关人员,可从下拉菜单中选择
Closing Date	显示缺陷关闭时间,单击下拉菜单显示日历,选择对应日期
Closed in Version	缺陷在哪个版本被关闭
Defect ID	缺陷编号,TestDirector 自动生成
Description	缺陷的详细信息,记录缺陷复现的步骤
Detected By	记录发现缺陷的人,默认情况下记录登录名
Detected in Version	软件哪个版本发现的缺陷
Detected on Date	缺陷被发现得日期,默认为服务器日期单击下拉菜单选择一个不同的发现日期
Estimated Fix Time	评估缺陷被修复所花费的时间(小时为单位)
Modified	显示上次修改时间
Planned Closing Version	计划缺陷在哪个版本被关闭
Priority	缺陷优先级,优先级从最低 1 级到最高 5 级
Project	缺陷发生所在得项目,单击下拉菜单显示一个项目列表
R&D Comments	显示缺陷得 R&D 注释
Reproducible	显示一个被发现得缺陷在同一条件下能否被重新建立,单击下拉菜单选择是或否
Severity	缺陷的严重程度分为 1～5 级
Status	缺陷报告的状态默认为 New。一个缺陷状态包含:Closed、Fixed、New、Open、Rejected、Reopen 几种
Subject	缺陷所在的模块主题
Summary	缺陷摘要

8.2.2　缺陷跟踪过程

通过该模块可以添加缺陷、修改缺陷、发送邮件等，跟踪缺陷的流程。当测试人员执行测试用例过程中发现缺陷，则可以将该缺陷添加到 TestDirector 的缺陷模块，并分配给相应的人员，当缺陷被修复后，测试人员针对该测试用例进行返测，直到该缺陷被关闭，缺陷的流转过程都会被 TestDirector 管理起来。

8.2.3　添加缺陷

可以在测试过程中向 TestDirector 添加缺陷报告。添加缺陷有如下 3 种方式。

（1）测试执行模块，手工执行测试用例时，测试用例执行失败，直接可添加缺陷，具体操作见第 7.3.4 节。

（2）使用 TestDirector 主界面最上面的共有工具栏上的添加缺陷按钮 。

（3）缺陷模块中，单击 Add Defect（添加缺陷）按钮，弹出 Add Defect 对话框，如图 8-2 所示。

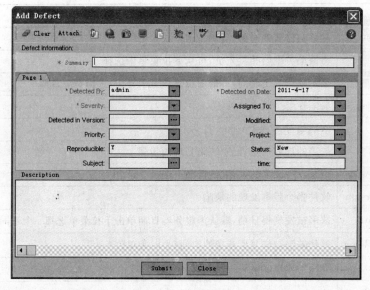

图 8-2　添加缺陷

① 在 Add Defect 对话框中输入相关的缺陷字段内容，红色字体的是必填内容，要清空 Add Defect 对话框中的数据单击工具栏上的 Clear 按钮。

② 在 Add Defect 对话框中，单击工具栏上的相应按钮可给该缺陷添加附件，TestDirector 支持多种附件类型。单击 File 按钮 可添加 text file，单击 URL 按钮 可添加 URL，单击 Snapshot 按钮 可添加一个抓拍图像，单击 SysInfo 按钮 添加系统信息，单击 Clipbord 按钮 添加剪贴板中的内容。

③ 单击 Submit 按钮添加缺陷到项目中，TestDirector 给这个缺陷分配 id 并且将这个缺陷设为 new defect。

④ 单击 Close 按钮关闭该对话框。

8.2.4 缺陷匹配

同一项目组中的测试人员在提交缺陷时,有时会出现重复缺陷或相似缺陷,为避免重复缺陷或相似缺陷的发生,可以查找是否有重复缺陷或相似缺陷。TestDirector 中有两种方法查找重复缺陷或相似缺陷。

(1) Find Similar Defects:项目中的所有的缺陷与选中的缺陷比较,来查找是否存在重复缺陷或相似缺陷。具体操作步骤如下:在如图 8-1 所示的错误信息列表,选择一个缺陷,单击 Find Similar Defects 按钮 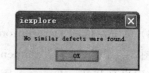,结果显示出相似的错误信息对话框,如图 8-3 所示,如果没有相似信息,出现一个提示信息,如图 8-4 所示。

(2) Find Similar Text:用一个特殊文本信息与项目中的所有缺陷进行比较,来查找是否存在重复缺陷或相似缺陷。具体操作步骤如下。

① 在 DEFECTS 模块的窗口或 Add Defect(添加缺陷)对话框中,单击工具栏上的 Find Similar Defects 按钮 选择 Find Similar Text 菜单命令,弹出 Find Similar Text 对话框,如图 8-5 所示。

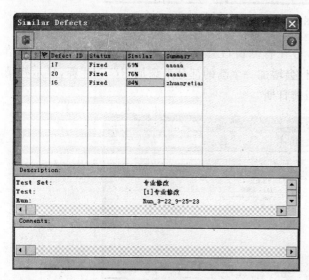

图 8-3　相似缺陷

图 8-4　提示信息

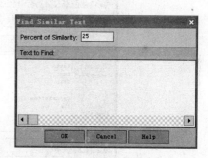

图 8-5　查找相似缺陷

② 在 Percent of Similarity 中输入一个最小相似值. 默认模式是 25% 的相似度。

③ 在 Text to Find 中输入要搜索的文本。

④ 单击 OK 按钮,完成搜索,如果没有结果那么给出相应提示。

8.2.5 修改缺陷

在缺陷的流转过程中,缺陷要被不同的人员修改,修改步骤如下。

(1) 在 DEFECTS 模块的缺陷列表中,双击要修改的缺陷记录,或者选择一个缺陷记录然后单击工具栏中的 Defect Details 按钮,弹出 Defect Details 对话框,如图 8-6 所示。

(2) 在 Defect Details 对话框中,单击左侧的 Details 按钮,可在右侧窗口进行字段的修改。

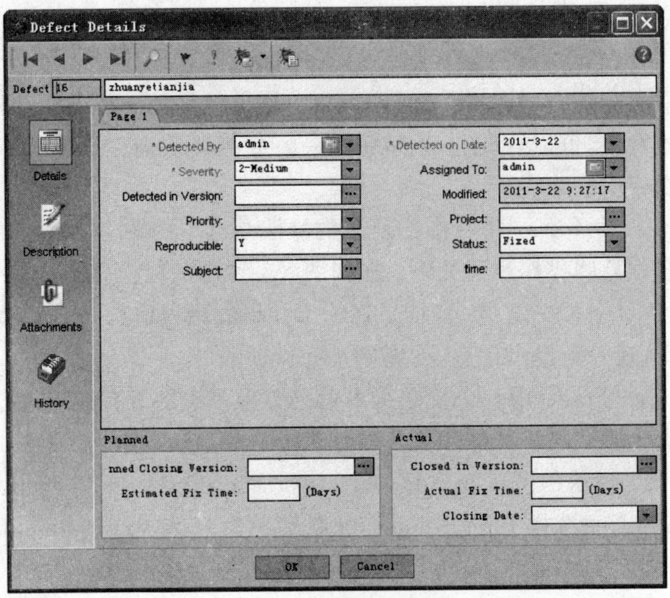

图 8-6　修改缺陷

（3）单击左侧的 Description 按钮，可在右侧窗口修改缺陷的详细描述信息和注释信息，如图 8-7 所示，单击 Comments 按钮，会增加一个新的部分来添加 R&D 注释，显示登录项目的用户名和 TestDirector 服务器当前日期。

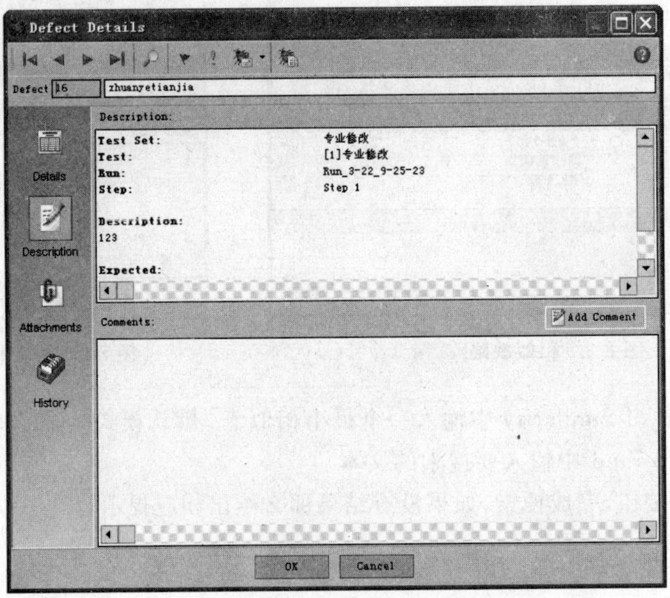

图 8-7　详细描述

（4）单击 Attachments 按钮，可在右侧窗口增加一个附件到缺陷信息，TestDirector 支持多种附件类型，可以是 file、URL、snapshot of your application、an image from the Clipboard 或 system information. Defects module，添加附件后在缺陷信息旁显示一个附件标记 。

（5）单击 History 按钮，可在右侧窗口查看缺陷的历史修改记录，记录每次修改的时间、修改人、新数值。

（6）单击 Mail Defect 按钮 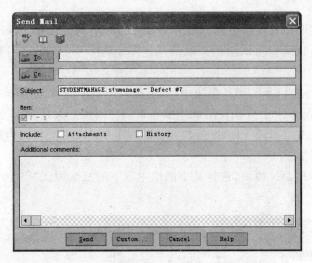 可发送一封带有详细缺陷信息的 E-mail。

（7）单击 OK 按钮，确定修改。

8.2.6 发送缺陷通知邮件

测试人员提交缺陷后，希望能够把缺陷的信息发邮件给相关人员。具体操作步骤如下。

（1）在如图 8-1 所示的缺陷列表中选择一个缺陷，单击 Mail Defects 按钮 ，弹出 Send Mail（发送邮件）对话框，如图 8-8 所示。

图 8-8　发送邮件

（2）在 Send Mail 对话框中，单击 To 按钮或者 Cc 按钮，弹出 Select Recipients（选择收件人）对话框，如图 8-9 所示，选择用户或者用户组（可选择多个）作为收件人，单击 OK 按钮进行确认。另外还可以右击某个收件人，从弹出的快捷菜单中选择 Properties 菜单命令，可查看收件人个人信息。

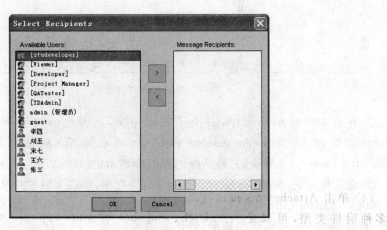

图 8-9　收件人

（3）在 Send Mail 对话框中的 Subject 文本框中输入邮件名称。

（4）在 Send Mail 对话框中的 Items 文本框可查看发送的缺陷摘要。

（5）在 Include 栏中选择 Attachments（添加附件）和 History（历史信息）复选框,可在邮件中添加附件和历史信息。

（6）在 Additional comments 文本框中可以添加注释。

（7）单击 Custom 按钮,可编辑 E-mail。

（8）单击 Send 按钮,发送一个邮件。

8.2.7 关联缺陷和测试用例

1. 建立关联

在测试过程中,期望查看某个测试用例所对应的缺陷或查看某个缺陷对应的测试用例和需求,这就需要将缺陷和测试用例关联起来。TestDirector 中将缺陷和测试用例关联有两种方法。

（1）自动关联:在 TEST LAB 模块中,手工执行测试用例时,如果从执行测试入口添加了一个缺陷,TestDirector 会自动在测试用例和缺陷之间建立关联。

（2）手动关联:在 TEST PLAN 模块,可以手动将测试用例和缺陷建立关联。关联步骤如下。

① 进入 TEST PLAN 模块,选择某个测试主题下的测试用例"删除专业功能正确",如图 8-10 所示。

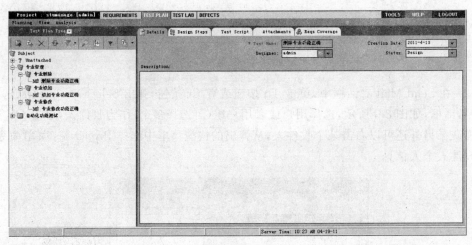

图 8-10　测试用例

② 在图 8-10 所示界面中,右击该测试用例,从弹出的快捷菜单中选择 Associated Defects 菜单命令,弹出 Associated Defects（关联缺陷）对话框,如图 8-11 所示,在 Associated Defects（关联缺陷）对话框的列表中显示出该测试用例已经关联的缺陷。

③ 建立新关联,在 Associated Defects 对话框中,单击工具栏中的 Associated（关联）按钮,弹出 Associate Defect 对话框,如图 8-12 所示,在 Associate Defect 对话框中输入缺陷的编号,或单击 Select 按钮选择缺陷,弹出如图 8-13 所示的 Associated Defects 对话框,从缺陷列表中选择某个缺陷,单击 Associate 按钮,在弹出的消息对话框中,单击 OK 按钮,单击

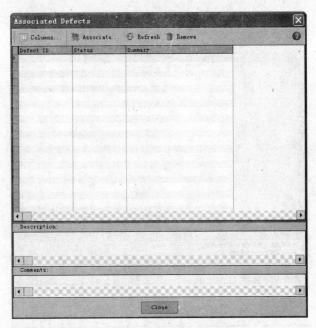

图 8-11　关联缺陷

Close 按钮,关闭 Associate Defect 对话框,该缺陷被添加到关联列表中,如图 8-14 所示,单击如图 8-14 所示对话框中的 Close 按钮,则测试用例和缺陷建立了关联。

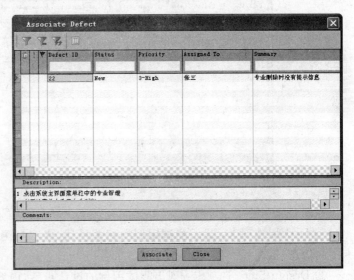

图 8-12　添加关联　　　　　　　　　　　　图 8-13　缺陷列表

2. 查看关联

(1) 缺陷关联的测试用例。切换到缺陷模块 Defects 中,在图 8-1 所示界面的缺陷列表中选择缺陷,选择 View|Associated Test 菜单命令,或者在缺陷上右击,从弹出的快捷菜单中选择 Associated Test|Details 菜单命令,弹出如图 8-15 所示对话框。如果测试用例与缺陷关联还没有就被建立,在图 8-15 中显示 5 个选项卡,如果测试用例与缺陷关联被建立,在图 8-15 中显示 7 个选项卡。

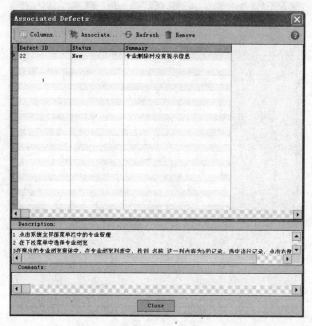

图 8-14　建立关联

图 8-15　查看关联

在图 8-15 中各内容如下。

① Details 选项卡：显示测试用例的相关描述，内容与测试计划模块中的 Details 选项卡中的信息一致。

② Design Steps 选项卡：列出测试用例的设计步骤，内容与测试计划模块中的 Design Steps 选项卡中的信息一致。

③ Test Script 选项卡：显示自动化测试用例的测试脚本，内容与测试计划模块中的 Test Script 选项卡中的信息一致。

④ Attachments 选项卡：显示被加到测试用例中的附件信息，内容与测试计划模块中的 Attachments 选项卡中的信息一致。

⑤ Reqs Coverage 选项卡：显示需求覆盖，内容与测试计划模块中的 Reqs Coverage 选项卡中的信息一致。

⑥ Test Run Details 选项卡：显示测试的运行细节，这个选项卡只有当测试用例和缺陷关联后才显示，内容与测试实验室模块中的 Details tab 中的信息一致。

⑦ All Runs 选项卡：显示测试用例运行的多次结果，这个选项卡只有当测试用例和缺陷关联后才显示，内容与测试实验室模块中的 All Runs tab 中的信息一致。

（2）测试需求关联的缺陷。当测试需求、测试用例、缺陷都建立关联之后，可以查看某个测试需求关联的缺陷。切换到测试需求模块 Requirements 中，在任何一种视图下都可以，如图 8-16 所示，在测试需求列表中选择测试需求并右击，从弹出的快捷菜单中选择 Associated Defects 菜单命令，弹出如图 8-17 所示的 Associated Defects 对话框，在其中显示被关联的缺陷。

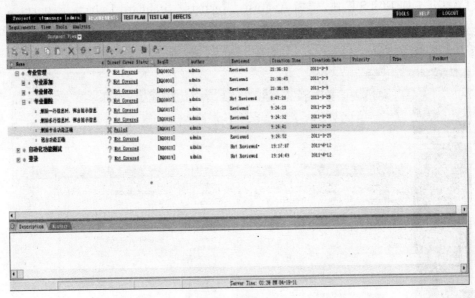

图 8-16　测试需求

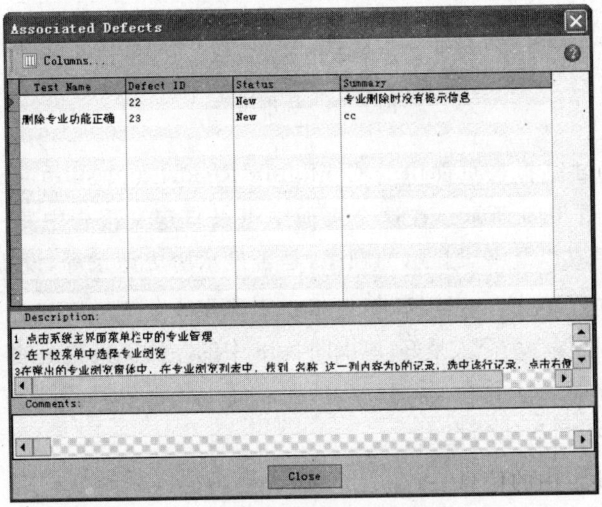

图 8-17　关联缺陷

8.3 分析缺陷

TestDirector 能够产生详细的报告和图表来帮助用户分析全部的测试过程。可以把缺陷模块的数据转化为图表或报告。

8.3.1 生成报告

把一个刚刚提交的缺陷报告的情况生成一个缺陷报告,这个报告可以根据需要可添加一些个人定制的内容,并把它保存成个人喜好的报告模式便于以后使用。

(1) 打开 DEFECTS 模块,选择 Analysis|Reports| Standard Defects Reports 菜单命令,显示标准的缺陷报告,如图 8-18 所示。在其中单击左侧 Reports 下不同的报告类型,则会显示相应的报告内容。

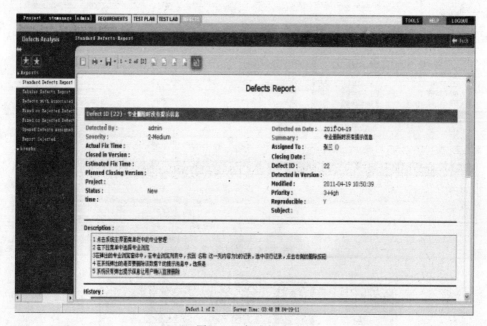

图 8-18　标准报告

(2) 单击标准的缺陷报告页面中的 Configure Report and sub-reports 按钮,打开自定义报告对话框,如图 8-19 所示。在这个页面中可以自定义报告中每一页显示的项目数、每个项目中显示的字段以及字段显示的顺序,是否显示历史记录等,设置完毕后单击自定义报告对话框中的 Generate Reports 按钮,重新生成报告。

(3) 如果要将设置保存为个人爱好,单击图 8-18 中的左侧工具栏上的 Add to Favorites,并在系统提示的保存对话框中输入名称即可,在以后生成报告时,可以选择这个个人定制报告名称,系统会生成相同条件的报告。

8.3.2 生成图表

TestDirector 提供了用户生成图表的功能,图表用于分析一个项目中不同类型数据之

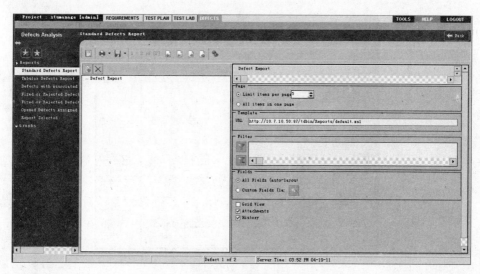

图 8-19　配置报告

间的关系,TestDirector 允许用户定制统计图表和相应的显示方式。生成图表的过程如下。

（1）打开 DEFECTS 模块,选择 Analysis|Graphs|Summary |Group by 'Status'菜单命令,弹出当前缺陷的统计图表,如图 8-20 所示,默认情况下,统计图是按照 Status 进行分组的。

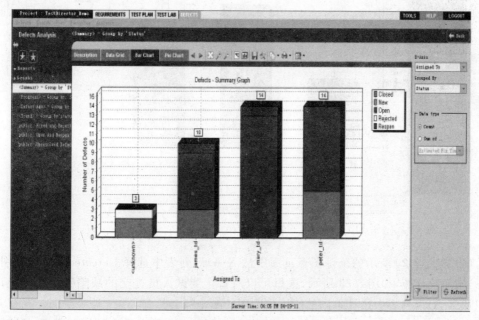

图 8-20　统计图表

（2）定义一个数据筛选,查看数据筛选后的缺陷统计情况。单击 Filter 按钮,在弹出的 Filter 对话框中输入缺陷状态 Status 的筛选条件,如图 8-21 所示,单击 OK 按钮关闭对话框。可以在 Filter 中设置不同的过滤条件。

（3）在图 8-21 中单击 Refresh 按钮,刷新图表,得到的统计图表如图 8-22 所示。

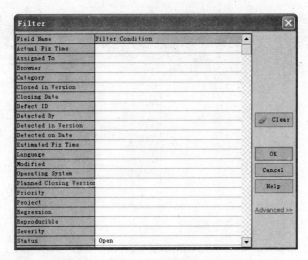

图 8-21　数据过滤

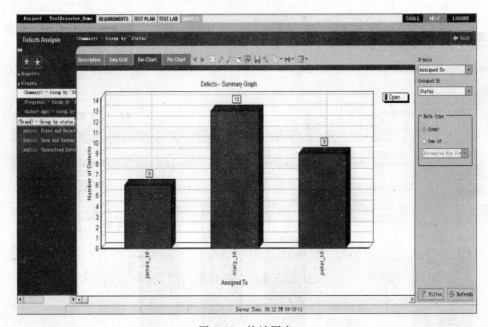

图 8-22　统计图表

（4）在图 8-20 所示的统计图表页面中从 X-Axis 列表中选择 Detected BY 作为图的横坐标，刷新统计图，如图 8-23 所示，这里可以对每个测试人员提交的缺陷数目进行统计，还可以从 X-Axis 列表中选择不同的字段作为图的横坐标。

（5）在图中任选一个柱形模块，单击鼠标，系统显示该柱形块的详细信息，如图 8-24 所示。

（6）在图 8-20 所示界面中，通过单击图表上方不同的选项卡，可显示不同样式的图表，如饼状图、柱形图等，根据公司情况选择不同的图形，选择 Data Grid 选项卡，显示数据图表，如图 8-25 所示。

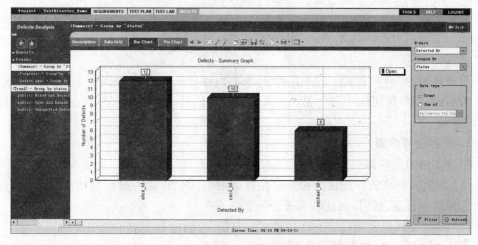

图 8-23　统计图表

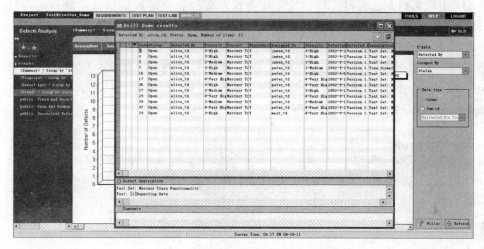

图 8-24　详细信息

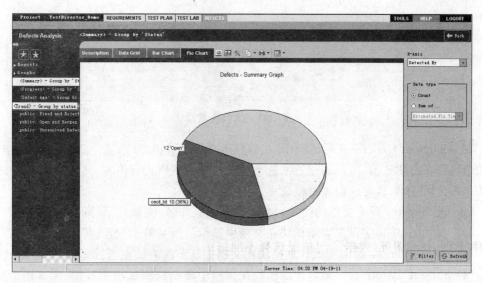

图 8-25　统计图

8.4　生成测试过程整体文档

当测试结束后,可将测试过程各个阶段的内容统一在一个文档中。TestDirector 提供了这种功能,能够快速建立一个 Word 文档包含测试需求,测试计划,测试执行和缺陷各模块数据。

1. 文档生成步骤

生成文档的步骤如下。

(1) 设定文档格式。设定文档封皮包含的内容,例如,是否显示公司的徽标(Logo),文档中是否显示目录、索引、测试脚本等内容。

(2) 定制文档包含的内容。文档格式确定后,可以定制文档中的测试过程数据,可以从各个模块中选择信息,定制哪些信息显示在文档中。

(3) 生成文档并且编辑文档。当文档格式和文档包含的数据信息定制好后,可生成文档,生成文档后可在 Microsoft Word 下浏览和编辑整个文档。

2. 文档生成过程

文档的生成过程,可以使用 TestDirector 提供的文档生成器。打开文档生成器,单击 TestDirector 测试过程管理主页右上角 Tools 按钮,如图 8-26 所示,选择 Document Generator 菜单命令,弹出 Document Generator 对话框,如图 8-27 所示。

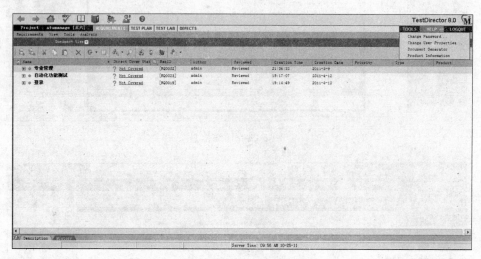

图 8-26　文档生成器

在 Document Generator 对话框中,左侧显示文档生成树,单击某个条目名称,该条目的相关选项将在右侧显示,可以通过这些选项设定该条目的格式和内容,要在整个文档中显示该条目内容,将该条目对应的复选框选中。

(1) Document：设定文档的格式,包括文档标题、作者、文档目录、索引等。

(2) Requirements：设定需求模块在文档中显示的测试需求数据、覆盖情况。

(3) Subject Tree：设定测试计划模块在文档中显示的测试主题数据、历史记录、附件。

(4) Subject Tests：设定测试计划模块在文档中显示的测试用例数据、测试用例步骤、

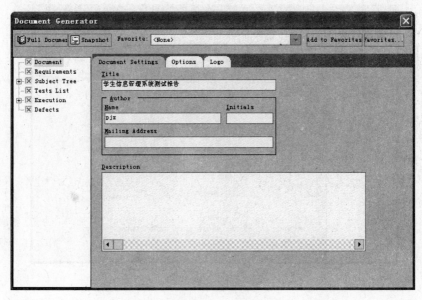

图 8-27　生成文档

历史记录、附件。

（5）Tests List：设定测试计划模块在文档中显示的测试用例数据、测试用例布局、测试用例步骤、测试用例步骤布局、历史记录、附件。

（6）Execution：设定测试执行模块在文档中显示的测试集数据、图表。

（7）Tests：设定测试执行模块在文档中显示的测试集包含的测试用例数据、测试用例布局、测试脚本、历史记录、附件、图表。

（8）Runs：设定测试执行模块在文档中显示的测试用例的运行结果、运行结果布局、运行步骤、步骤布局、附件等。

（9）Defects：设定缺陷模块在文档中显示的缺陷记录、缺陷布局、附件、历史记录等。

3. 设定文档格式

设定文档的格式，包括文档标题、作者、文档目录、索引等，具体步骤如下。

（1）在 Document Generator 对话框中，单击左侧文档树中的 Documents，右侧显示可设定的选项内容，单击右侧的 Document Settings 选项卡，如图 8-28 所示。

（2）在 Document Settings 选项卡中，可以输入文档标题、作者、邮件地址、文档描述等信息。

（3）在 Document Settings 选项卡中，单击右侧的 Options 选项卡，如图 8-29 所示，内容说明如下。

① Include With Document 可选择项目文档中包含的内容。

• First Page：文档的封皮，显示文档的标题，文档生成日期，文档的作者。

• Table of Contents：显示文档目录。

• Index：显示文档索引，索引显示在文档的最后。

② Attachments Options 设定附件在文档中的位置。

• Include in Text：显示在文档中测试用例后。

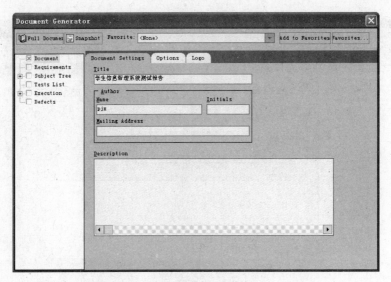

图 8-28　文档设置

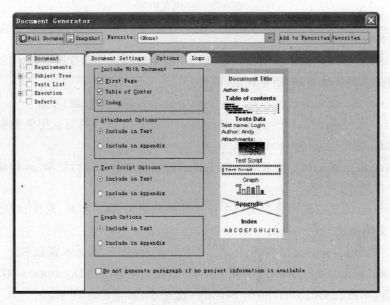

图 8-29　文档选项

- Include in Appendix：显示在文档最后的附录中。
③ Test Script Options 设定测试脚本在文档中的位置。
- Include in Text：显示在文档中测试用例后。
- Include in Appendix：显示在文档最后的附录中。
④ Graph Options：设定图表在文档中的位置。
- Include in Text：显示在文档中测试用例后。
- Include in Appendix：显示在文档最后的附录中。
⑤ Do not generate paragraph if no project information is available 设定文档中是否显示空数据段落。

（4）在 Document Generator 对话框中，单击右侧的 Logo 选项卡，如图 8-30 所示，可以在文档的每页上方添加一个图片，例如公司的徽标（Logo），如果不选择图片，那么 Mercury Interactive's 的图片将显示在每页上。

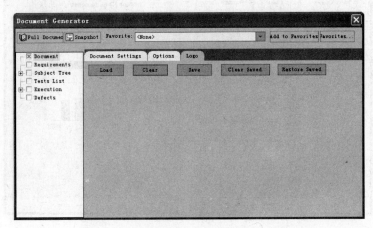

图 8-30　Logo 选项卡

（5）在 Logo 选项卡中，单击 Load 按钮，弹出对话框，如图 8-31 所示，在对话框中找到图片选中，右侧可预览该图片。

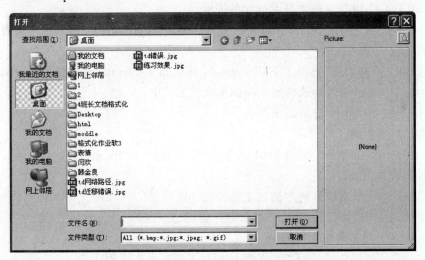

图 8-31　打开文件

（6）找到图片后，单击打开按钮，图片显示在 图 8-30 中的 Logo 选项卡中，删除图片单击 Clear 按钮。

4. 设定需求数据

在 Document Generator 对话框中，单击左侧文档树中的 Requirements，右侧显示可设定的选项内容，如图 8-32 所示。

（1）Advanced Filter/Sort 设定数据过滤选项。

① All Requirements：显示测试需求树中的所有测试需求。

② By Status：显示符合状态过滤的测试需求。

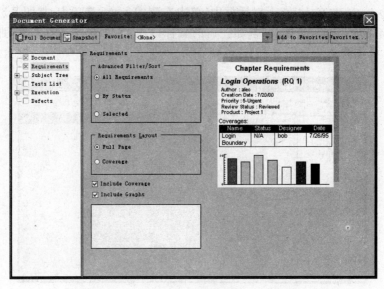

图 8-32　需求设置

③ Selected：显示选定的需求。单击 Filter &Sort 按钮来设定过滤需求的条件。

（2）Requirements Layout 测试需求数据的显示形式。

① Full Page：以普通形式显示选定的需求。

② Coverage：以表格形式显示选定的需求。单击 Customize 按钮来自定义表格显示的列名称、列宽等内容。

（3）如果上个选项中，选择了 Full Page，则 Include Coverage 复选框可用，单击 Include Coverage 来设定显示覆盖需求的测试用例出现在文档中。

（4）Include Graphs：显示需求图表。

5．设定测试主题

在 Document Generator 对话框中，单击左侧文档树中的 Subject Tree，右侧显示可设定的内容，如图 8-33 所示。

（1）Tree Sort 测试计划树中测试主题的排列顺序。

① Alphabetical：测试主题将以字母顺序排列。

② Custom：自定义顺序排列。

（2）Folders 选择测试计划树中的哪些测试主题显示在文档中。

① All：显示所有的测试主题。

② Selected：显示选择的测试主题。

（3）Include Attachments 设定是否显示测试主题的附件。

（4）Include Graphs 设定是否包含图表。

下面是设定测试主题下的测试用例。

在 Document Generator 对话框中，单击左侧文档树中的 Subject Tests，右侧显示可设定的内容，如图 8-34 所示。

（1）Tests 设定哪些测试用例显示在文档中。

① All Tests：显示所有测试用例。

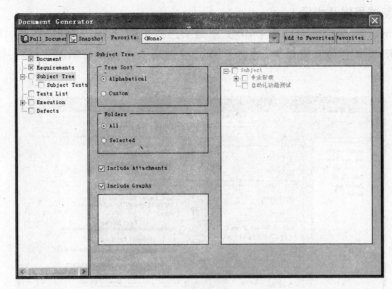

图 8-33　主题树

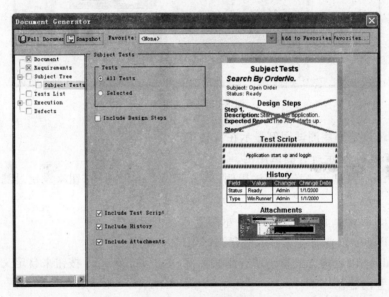

图 8-34　主题下测试用例

② Selected：只显示选择的测试用例，单击 Filter and Sort 按钮来设定过滤测试用例的条件。

（2）Include Design Steps 是否显示测试用例的设计步骤，选择复选框后，显示更多的关于设计步骤的选项，关于选项的具体含义参考第 8.4.1 节内容。

（3）Include Test Script 是否显示测试用例的测试脚本。

（4）Include Tests History 是否显示测试用例的历史记录。

（5）Include Tests Attachments 是否显示测试用例的附件。

6. 设定测试用例及步骤

在 Document Generator 对话框中,单击左侧文档树中的 Tests List,右侧显示可设定的内容,设定的选项基本上和上节相同,增加了测试用例显示方式和显示图表的选项,如图 8-35 所示。

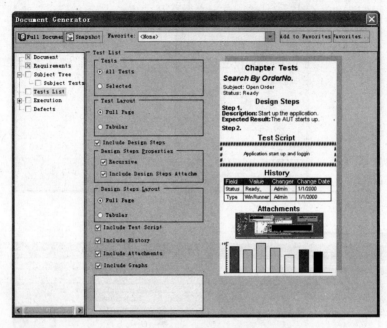

图 8-35　测试用例

(1) Tests 设定哪些测试用例显示在文档中。

① All Tests:显示所有测试用例。

② Selected:只显示选择的测试用例,单击 Filter and Sort 按钮来设定过滤测试用例的条件。

(2) Tests Layout 设定测试用例显示的方式。

① Full Page:以普通方式显示所有测试用例。

② Tabular:以表格方式显示所有测试用例,单击 Customize 按钮来自定义表格显示的列名称、列宽等内容。

(3) 如果上个选项中,选择了 Full Page,则 Include Design Steps 可用,单击 Include Design Steps 来设定显示覆盖需求的测试用例出现在文档中。

① Design Steps Properties 测试步骤属性。

· Recursive:显示有被调用的测试用例。

· Include Design Steps Attachments:显示测试步骤的附件。

② Design Steps Layout 测试步骤显示方式。

· Full Page:以普通方式显示测试步骤。

· Tabular 以表格方式显示所有测试步骤,单击 Customize 按钮来自定义表格显示的列名称、列宽等内容。

(4) Include Test Script 是否显示测试用例的测试脚本。

（5）Include Tests History 是否显示测试用例的历史记录。

（6）Include Tests Attachments 是否显示测试用例的附件。

（7）Include Graphs 是否显示图表。

7．设定测试集

在 Document Generator 对话框中，单击左侧文档树中的 Execution，右侧显示可设定的内容，如图 8-36 所示。

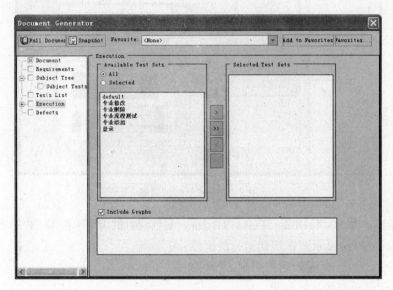

图 8-36　测试执行设置

（1）Available Test Sets 显示哪些测试集在文档中。选择一个 test set 单击"＞"按钮，Test set 移动到 Selected Test Sets 列表，移动所有列表中的测试集单击"＞＞"按钮，筛选 test sets，单击 Selected 且单击 Filter and Sort 按钮进行筛选条件。

（2）移除 test set，选择一个 test set 在 Selected Test Sets 列表单击"＜"按钮，该 test set 被移除，移除所有单击"＜＜"按钮。

（3）Include Graphs 显示图表。

1）设定测试集中测试用例

在 Document Generator 对话框中，单击左侧文档树中的 Tests，右侧显示可设定的内容，如图 8-37 所示。

（1）Tests 设定测试集中哪些测试用例出现在文档中。

① All Tests：显示所有测试用例。

② Selected：只显示选择的测试用例，单击 Filter and Sort 按钮来设定过滤测试用例的条件。

（2）Tests Layout 设定测试用例显示的方式。

① Full Page：以普通方式显示所有测试用例。

② Tabular：以表格方式显示测试集中的测试用例，单击 Customize 按钮来自定义表格显示的列名称、列宽等内容。

（3）如果上个选项中，选择了 Full Page，则下边的 3 个选项可用，Include Test Scripts

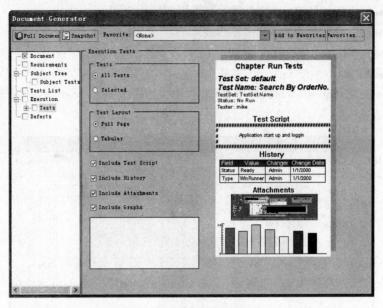

图 8-37 测试集测试用例

显示测试用例脚本，Include Tests History 显示测试用例被修改的历史记录，Include Attachments 显示测试用例运行的附件。

（4）Include Graphs 显示测试用例运行的图表。

2）设定测试用例的运行结果

在 Document Generator 对话框中，单击左侧文档树中的 Runs，右侧显示可设定的内容，如图 8-38 所示。

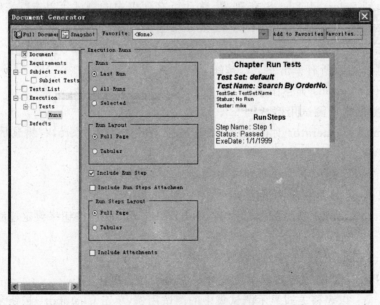

图 8-38 测试运行选项

（1）Runs 栏用于设定显示运行结果选项。

① Last Run：显示最后一次的运行结果。

② All Runs：显示所有的运行结果。

③ Selected：显示被选择的运行结果，单击 Filter and Sort 按钮来设定筛选测试用例的条件。

（2）Runs Layout 栏用于设定测试结果显示方式。

① Full Page：以普通方式显示所有测试用例运行结果。

② Tabular：以表格方式显示所有测试用例运行结果，单击 Customize 按钮来自定义表格显示的列名称、列宽等内容。

（3）如果上个选项中，选择了 Full Page，则 Include Run Steps 可用，单击 Include Run Steps 来设定测试用例运行步骤的显示。

（4）Run Steps Layout 栏中，选择以下选项。

① Full Page：以普通方式显示所有测试用例运行步骤。

② Tabular：以表格方式显示所有测试用例运行步骤，单击 Customize 按钮来自定义表格显示的列名称、列宽等内容。

3）设定缺陷 Defects

在 Document Generator 对话框中，单击左侧文档树中的 Defects，右侧显示可设定的内容，如图 8-39 所示。

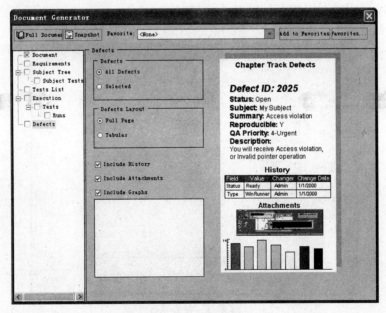

图 8-39　缺陷设置

（1）Defects 设定哪些缺陷出现在文档中。

① All Defects：显示所有缺陷。

② Selected：只显示选择的缺陷，单击 Filter and Sort 按钮来设定过滤缺陷的条件。

（2）Defects Layout 设定缺陷显示的方式。

① Full Page：以普通方式显示所有缺陷。

② Tabular：以表格方式显示测试集中的缺陷，单击 Customize 按钮来自定义表格显示的列名称、列宽等内容。

（3）Include Tests History：是否显示缺陷的历史记录。

（4）Include Tests Attachments：是否显示缺陷的附件。

（5）Include Graphs：是否显示缺陷的图表。

8. 生成文档

在设定了格式和项目数据后，可以生成项目文档了．并且通过 Word 文档来保存这些数据。注意，在完全生成文档之前必须关闭 Word 文档。生成步骤如下。

（1）在 Document Generator 对话框中单击工具栏上的 Snapshot 按钮可以生成预览文档。

（2）在 Document Generator 对话框中单击工具栏上的 Full Document 按钮，弹出 Warning（警告）消息框，如图 8-40 所示，单击 OK 按钮继续，弹出"另存为"对话框，如图 8-41 所示。

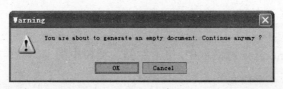

图 8-40　警告信息

图 8-41　保存文件

在图 8-41 所示的"另存为"对话框中各内容含义如下。

① 设定文档的存储位置。

② 文件名处输入文档名称。

③ 保存类型中，选择 MS Word Documents。

（3）在图 8-41 所示的"另存为"对话框中，单击"保存"按钮，TestDirector 开始生成文档,并显示文档生成进度对话框,如图 8-42 所示。

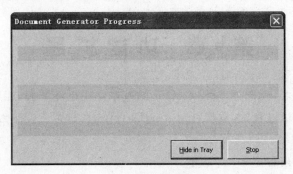

图 8-42　生成进度

① Hide in Tray 按钮隐藏这个进度对话框,可以通过双击重新显示这个对话框 Document Generator 图标囝。

② Stop 按钮退出文档生成。

(4) 当文档生成完成后,TestDirector 打开 Microsoft Word 显示生成的文档。

8.5　同步训练

8.5.1　实验目标

熟练使用缺陷管理。

8.5.2　前提条件

正确安装了 TestDirector,且能够正常使用。

8.5.3　实验任务

(1) 在执行测试实验室模块中的用例过程中将发现的软件缺陷添加上去。

(2) 查询相似缺陷。

(3) 关联缺陷和测试用例(两种方法),并显示需求对应的缺陷、测试用例对应的缺陷、缺陷对应的测试用例。

(4) 用统计报表统计出按不同的目录模块生成的软件缺陷情况。横坐标:按 detected by;分组:按 subject。

(5) 将需求模块、测试计划模块、测试实验室模块、缺陷模块生成一个 Word 文档。

第9章 功能扩展

通过前几章的学习,读者对 TestDirector 的基本使用已经掌握,能够通过 TestDirector 来管理一个项目的测试过程,本章将针对 TestDirector 在日常工作中经常遇到的其他功能展开介绍。

本章讲解的主要内容如下:

(1) 将 Excel 数据导入到 TestDirector;

(2) TestDirector 设置自动发送邮件;

(3) 使用 Internet Explorer 7 访问 TestDirector;

(4) TestDirector 的迁移。

9.1 将 Excel 数据导入到 TestDirector

很多软件公司都用 Excel 来管理测试用例,如果想使用 TestDirector 管理测试用例,一条一条手工录入用例费时费力,TestDirector 是否提供将 Excel 数据直接导入的功能呢? TestDirector 提供了和第三方工具集成的功能。

9.1.1 将测试用例数据导入 TestDirector

将 Excel 测试用例数据导入 TestDirector,操作步骤如下。

(1) 打开 TestDirector 8.0 GENERAL ACCESS 即 TestDirector 的主页,如图 9-1 所示,单击 Add-in Page 超链接,进入 TestDirector Add-ins 页面,如图 9-2 所示,单击 More TestDirector Add-Ins 超链接,进入 TestDirector Add ins 页面,如图 9-3 所示。

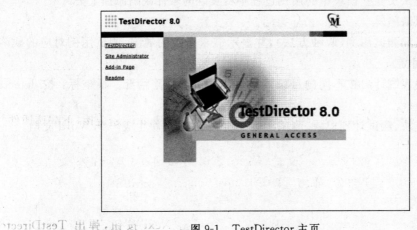

图 9-1　TestDirector 主页

(2) 在 TestDirector Add-ins 页面中,单击 Microsoft Excel Add-in 超链接,进入

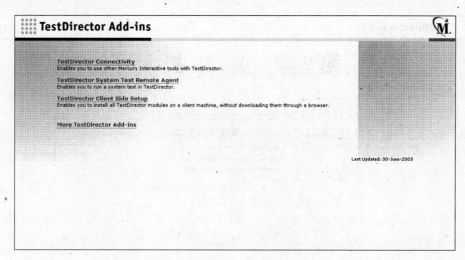

图 9-2　下载插件

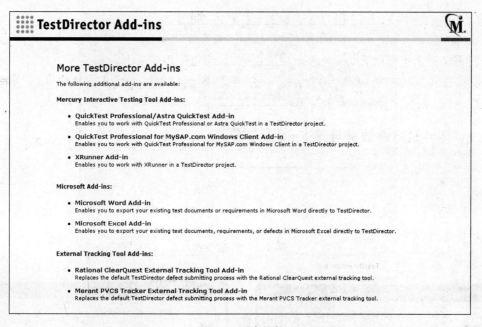

图 9-3　更多插件

Microsoft Excel Add-in 页面,如图 9-4 所示,单击 DownLoad Add-in 超链接,下载该插件并安装到本地计算机上。

(3) 打开存有测试用例的 Excel 文件(Excel 2007),如图 9-5 所示,选择"加载项"|export to TestDirector 菜单命令,弹出 TestDirector Export Wizard-Step 1 of 8 对话框,如图 9-6 所示。

(4) 在其中输入 TestDirector 的 URL 地址后,单击 Next 按钮,弹出 TestDirector Export Wizard-Step 2 of 8 对话框,如图 9-7 所示。

(5) 在其中选择要导入的域名和项目名称,单击 Next 按钮,弹出 TestDirector Export

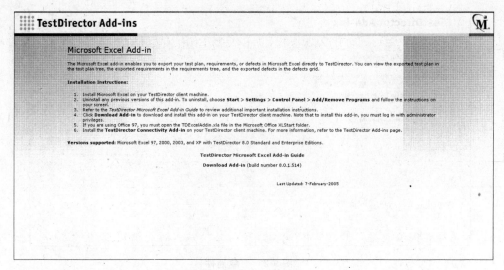

图 9-4　Excel 插件

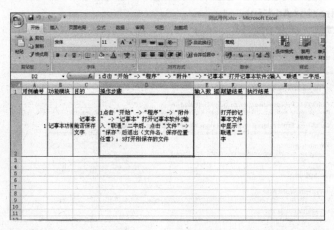

图 9-5　Excel 文件

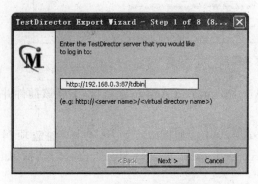

图 9-6　导入测试用例步骤 1

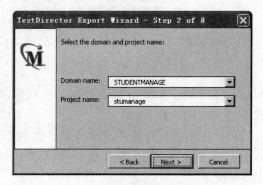

图 9-7　导入测试用例步骤 2

Wizard-Step 3 of 8 对话框,如图 9-8 所示。

（6）在其中输入登录该项目的用户名和密码,单击 Next 按钮。弹出 TestDirector

Export Wizard-Step 4 of 8 对话框,如图 9-9 所示。

图 9-8 导入测试用例步骤 3

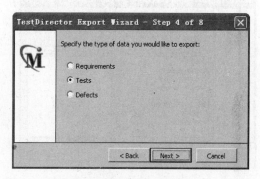
图 9-9 导入测试用例步骤 4

(7) 选择导入的数据类型:需求、测试用例、缺陷,选择测试用例项,单击 Next 按钮,弹出 TestDirector Export Wizard-Step 5 of 8 对话框,如图 9-10 所示。

(8) 选择一个映射关系即 Excel 中列与 TestDirector 中列的对应关系可选择第一项,或新建一个映射关系,人们选择第二项,输入映射关系名称 Test,或创建一个临时映射关系可选择第三项,单击 Next 按钮,弹出 TestDirector Export Wizard-Step 6 of 8 对话框,如图 9-11 所示。

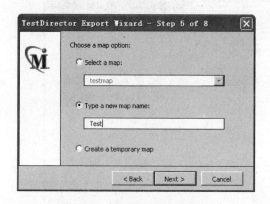
图 9-10 导入测试用例步骤 5

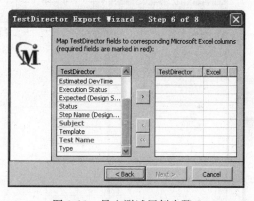
图 9-11 导入测试用例步骤 5

(9) 左侧列表为 TestDirector 中的测试计划模块中的测试用例对应的字段,红色字段为必填字段内容,不能为空,选择 TestDirector 中的 Subject,单击 ▷ 按钮,弹出 Map Field with Column 对话框,如图 9-12 所示。

图 9-12 映射关系

(10) 输入和 Excel 对应的列标题字母 B,则对应关系显示到右侧,如图 9-13 所示。

(11) 同理,将 TestDirector 中的其他列和 Excel 中列进行对应,最终对应关系如图 9-14 所示。

(12) 单击 Next 按钮,弹出导入数据进度条,弹出完成对话框。

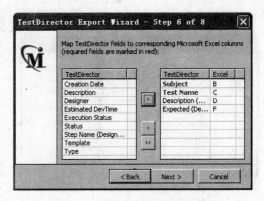

图 9-13　导入测试用例步骤 6a　　　　　图 9-14　导入测试用例步骤 6b

9.1.2　验证导入到 TestDirector

（1）登录到 TestDirector 项目中查看测试计划模块中是否导入了刚才的测试用例如图 9-15 所示。以上的过程就是将 Excel 测试用例数据导入到 TestDirector 的测试计划模块中。

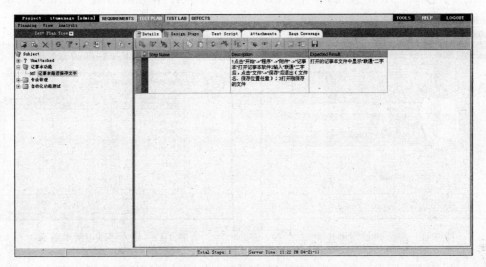

图 9-15　验证导入测试用例

（2）第三方测试工具与 TestDirector 集成同样需要下载相应的插件。

9.2　TestDirector 设置自动发送邮件

目前任意一款测试管理工具都支持自动发送邮件的功能，TestDirector 同样也支持提交缺陷后发送给相应的人员一封邮件，但是自动发送邮件需要进行相应的设置。具体的操作步骤如下。

（1）配置邮件服务器。

（2）TestDirector 站点管理设置。

(3) TestDirector 项目管理自定义设置。

9.2.1 配置邮件服务器

TestDirector 发送邮件,必须基于一台邮件服务器。邮件服务器是一种用来负责电子邮件收发管理的计算机,所以公司内部可设立一台邮件服务器,在某台计算机上安装了邮件服务器软件后,该计算机可以作为邮件服务器。目前市场上有很多邮件服务器软件,这里使用的是 CMailServer。具体的步骤如下。

(1) 安装 CMailServer,安装好后,需要对邮件服务器进行设置,如设置域名。运行 CMailServer 后,计算机右下角有其托盘,双击该托盘,弹出 CmailServer 5.2 窗口,如图 9-16 所示,设置域名,单击工具栏中的"设置"按钮,弹出"系统设置"对话框,如图 9-17 所示,在其中可设置域名。

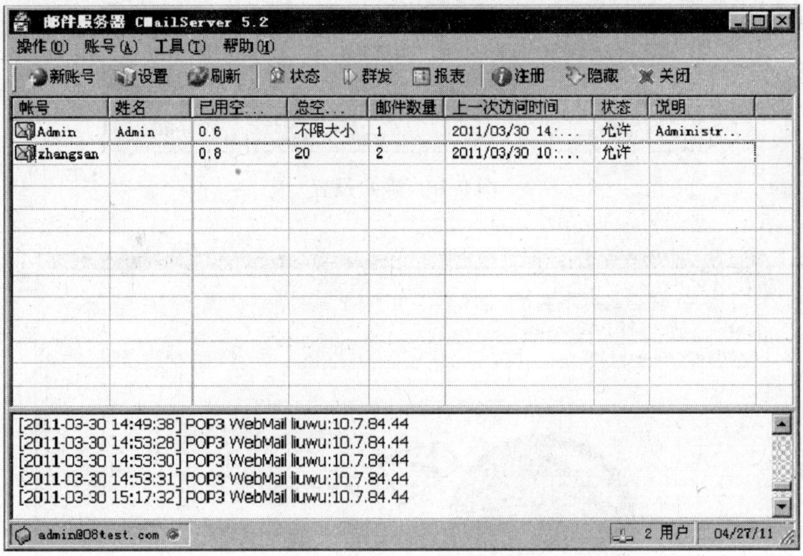

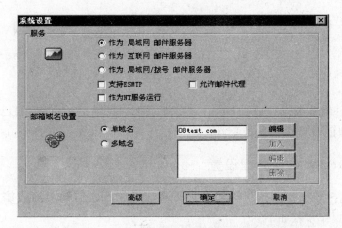

图 9-16　邮件服务器设置

图 9-17　域名设置

（2）给项目组中的成员分配邮箱。分配邮箱有两种方法。一种是邮件管理员，给每人分配邮箱，在图 9-16 中，单击工具栏中的"新账号"按钮，弹出"账号"对话框，在其中可以添加邮箱，如图 9-18 所示。另一种方法是，每个人在客户端可访问邮件服务器网站 http://邮件服务器计算机名，或 IP 地址/mail/，自己注册邮箱，如图 9-19 所示。

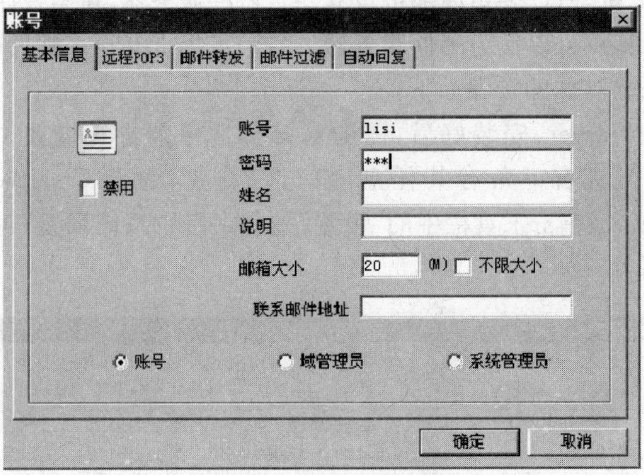

图 9-18　账户设置

图 9-19　邮件首页

（3）验证邮件服务器设置成功，可用一个邮箱账户登录后，自己给自己发送邮件，如果能够收到邮件，则证明邮件服务器配置正确。

9.2.2　TestDirector 站点管理设置

自动发送邮件，还需要在站点管理中进行相应设置。人们针对前边添加的 stumanage 项目进行演示。操作步骤如下。

（1）设置 TestDirector 服务器和邮件服务器之间连接，登录到 Site Administrator（站点管理页面），单击 TD Servers 选项卡中，单击 Mail Protocol 超链接，在弹出的对话框中设置邮件协议,在此采用 SMTP Server,填写本公司的邮件服务器的 IP 地址或域名,单击 OK 按钮,如图 9-20 所示。

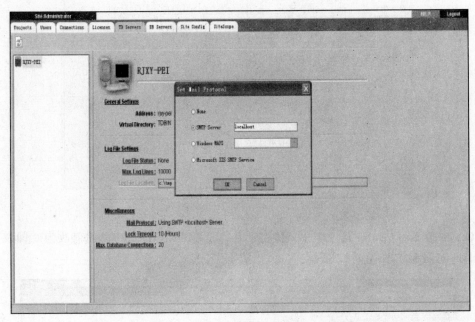

图 9-20　邮件设置

（2）单击 Users 选项卡中,给所有 TestDirector 用户填写邮箱地址,该邮箱地址就是邮件管理员分配给各用户的邮箱,如图 9-21 所示。

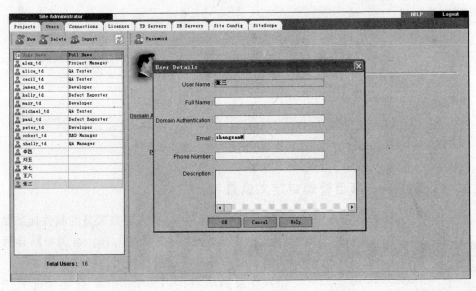

图 9-21　用户设置

（3）单击 Projects 选项卡中,单击需要自动发送邮件的项目 stumanage,在右边找到项目的更多选项设置,选择 Miscellaneous 中的 send defect emails automatically 复选框,如图 9-22 所示。

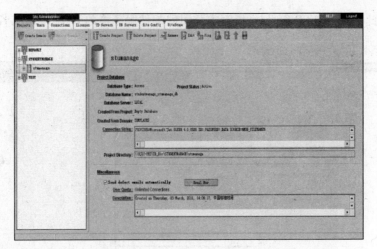

图 9-22　自动发送设置

（4）单击 Site Config 选项卡中，将参数 MAIL_INTERVAL 字段的值改为 0 即发送邮件的时间间隔为 0，如图 9-23 所示。

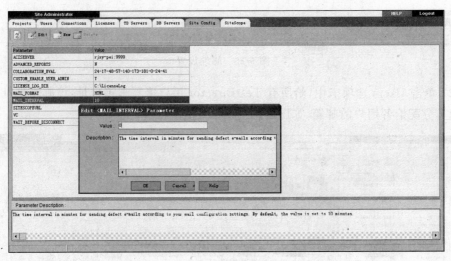

图 9-23　邮件间隔设置

9.2.3　TestDirector 项目管理自定义设置

在 TestDirector 的项目自定义中，主要添加项目成员、检查项目成员的邮件地址是否正确、设置邮件自动发送的条件等内容。本例中同样针对前边添加的 stumanage 项目进行演示。操作步骤如下。

图 9-24　登录项目自定义管理

（1）登录到项目的 TestDirector 自定义配置中。在 TestDirector 项目登录页面中单击右上角的 CUSTOMIZ 超链接，弹出 Login 对话框，如图 9-24 所示，Project 选为 stumanage，Password 栏输入管理员密码，单击 OK 按钮，进入 PROJECT CUSTIMIZE 页面，在其中进行自定义配置,如图 9-25 所示。

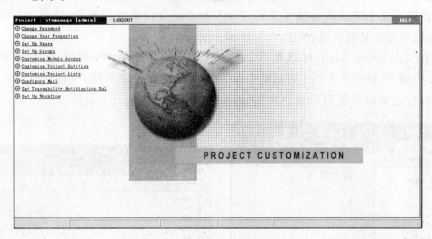

图 9-25 项目自定义管理首页

(2) 选择 Change User Properties 超链接,弹出 Properties of[admin]对话框,在 User Name 栏输入 admin,在 Email 栏输入 E-mail 地址,如图 9-26 所示。

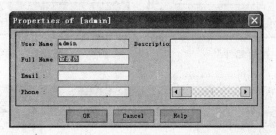

图 9-26 管理员信息

(3) 在 PROJECT CUSTIMIZE 页面,单击 Set Up Users 超链接,添加该项目的用户,并检查每个用户的邮箱是否正确,如图 9-27 所示。

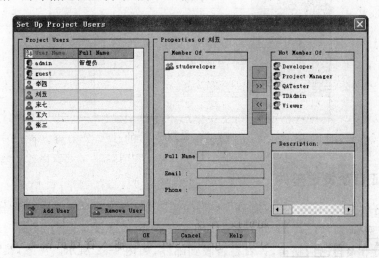

图 9-27 用户管理

（4）在 PROJECT CUSTIMIZE 页面，单击 Configure Mail 超链接，选择邮件自动发送的触发字段即当某个字段内容发生变化 TestDirector 会自动发送邮件，选择 Assigned to、Status 字段，可添加其他字段，如图 9-28 所示。

（5）在 Configure Mail 对话框中，单击 Condition 选项卡，如图 9-29 所示，单击 Condition 按钮，在弹出的 Filter 对话框中设置接收邮件的过滤条件，可设置开发人员接收邮件的条件接收缺陷状态为 Open Or Reopen，如图 9-30 所示。

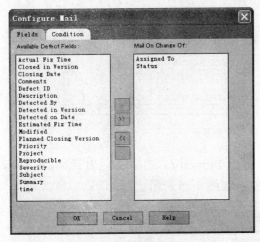
图 9-28　配置邮件

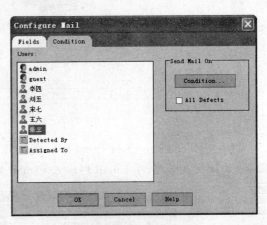
图 9-29　接收邮件设置

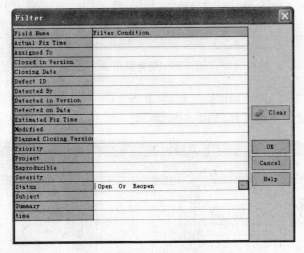
图 9-30　数据过滤

9.2.4　验证自动发送邮件

测试人员登录到 stumanage 项目，打开 DEFECTS 模块，添加一个缺陷分配给开发人员，如图 9-31 所示。

开发人员登录自己的邮箱，查看是否收到邮件，如图 9-32 所示。注意，提交完缺陷后，TestDirector 将邮件发送到邮箱有一定的延迟。

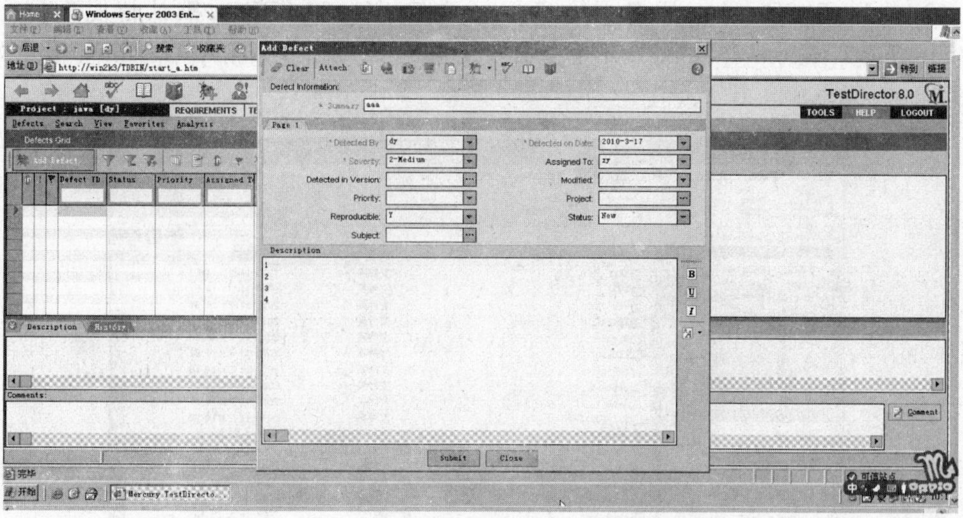

图 9-31 提交缺陷

图 9-32 邮箱内容

9.3 使用 Internet Explorer 7.0 访问 TestDirector

TestDirector 8.0 支持器 Internet Explorer 和 Navigator 两款浏览器,对于 Internet Explorer 默认只支持到 6.0 版本。但是,目前,大多数用户使用的 Internet Explorer 浏览器版本已经到 7.0 或 8.0,那么如何使用 Internet Explorer 7.0、Internet Explorer 8.0 能正常显示 TestDirector 中的内容?操作步骤如下。

(1) 在 TestDirector 服务器端,以系统管理员身份登录 TestDirector 服务器,先停止 TestDirector 服务,右击右下角 TestDirector ☒ 服务图标,单击 Stop TestDirector,如图 9-33 所示。

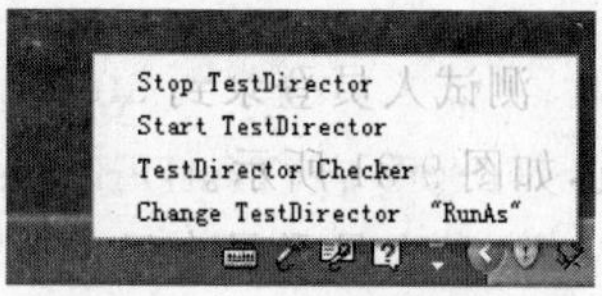

图 9-33 停止服务

（2）找到 TestDirector 服务器中虚拟目录 TestDirectorBIN（默认情况下是：C:\Inetpub\TestDirectorBIN 目录），用记事本打开 start_a.htm 文件和 SiteAdmin.htm 文件，如图 9-34 所示。

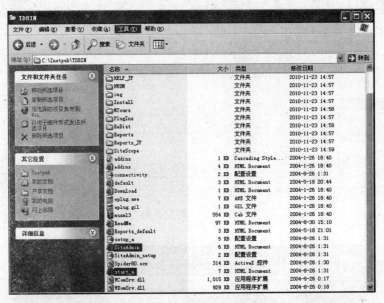

图 9-34　虚拟目录位置

（3）打开后，分别在文件中搜索字符串"var fMSIE3456"，该字符串是用来设置 Internet Explorer 浏览器版本的，在该字符串值最后面添加"‖（ua.lastIndexOf('MSIE 7.0')!＝－1）"保存，如图 9-35 和图 9-36 所示。

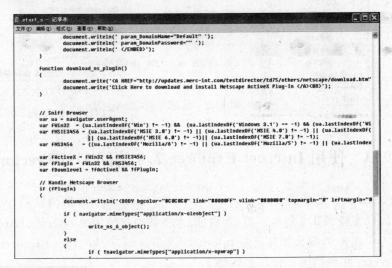

图 9-35　start_a.htm

（4）重启 TestDirector 服务，右击右下角 TestDirector 服务图标，单击 Start TestDirector。客户端就能用 Internet Explorer 7.0 正常访问 TestDirector 了。

```
document.writeln(' CODEBASE="' + geturl() + 'Spider88.ocx#Version=8,0,12,2931" ');
document.writeln(' CONTROLNAME="Mercury TestDirector" ');
document.writeln(' WIDTH=100% ');
document.writeln(' HEIGHT=100% ');
document.writeln(' param_SetupFile="' + geturl() + 'SiteAdmin_setup.ini" ');
document.writeln(' param_BrowserUI=0' ');
document.writeln(' param_ProgColor="#0000FF" ');
document.writeln(' param_ProgBKColor="#FFFFFF" ');
document.writeln(' param_DomainName="Default" ');
document.writeln(' param_DomainPassword="" ');
document.writeln(' </EMBED>');
}

function download_ns_plugin()
{
document.write('<A HREF="http://updates.merc-int.com/testdirector/td75/others/netscape/download.htm"
document.write('Click Here to download and install Netscape ActiveX Plug-In </A><BR>');
}

// Sniff Browser
var ua = navigator.userAgent;
var fWin32  = (ua.lastIndexOf('Win') != -1) &&  (ua.lastIndexOf('Windows 3.1') == -1) && (ua.lastIndexOf('Wi
var fMSIE3456 = (ua.lastIndexOf('MSIE 3.0') != -1) || (ua.lastIndexOf('MSIE 4.0') != -1) || (ua.lastIndexOf(
             || (ua.lastIndexOf('MSIE 6.0') != -1)|| (ua.lastIndexOf('MSIE 7.0') != -1);
var fNS3456 = ((ua.lastIndexOf('Mozilla/6') != -1) || (ua.lastIndexOf('Mozilla/5') != -1) || (ua.lastIndex

var fActiveX = fWin32 && fMSIE3456;
var fPlugIn = fWin32 && fNS3456;
var fDownlevel = !fActiveX && !fPlugIn;

// Handle Netscape Browser
if (fPlugIn)
{
document.writeln('<BODY bgcolor="#C0C0C0" link="#0000FF" vlink="#0000FF" topmargin="0" leftmargin="0"
```

图 9-36   SiteAdmin.htm

9.4   TestDirector 的迁移

当安装有 TestDirector 的服务器出现问题时,需要把 TestDirector 服务从一台计算机迁移到另一台计算机上。那么如何将 TestDirector 服务从一台计算机迁移到另一台计算机,迁移的前提是迁移的目标计算机安装了 TestDirector 服务,还没有添加任何的域和项目,使用的数据库服务器相同。具体步骤如下:

(1) 停止源计算机和目标计算机的 TestDirector 服务,如图 9-37 所示,单击 Stop TestDirector,停止服务后,如图 9-38 所示。

图 9-37   托盘菜单

图 9-38   停止服务

(2) 将源计算机上的 doms.mdb,doms.mdb 默认情况下位置在＜system driver＞: \Program Files\Common Files\Mercury Interactive\ Domsinfo,如图 9-39 所示,将文件复制到目标计算机上的一个位置,并改名 Source_doms.mdb,如图 9-40 所示。

(3) 在目标计算机上打开 Source_doms.mdb 文件和目标计算机上的 doms.mdb 文件,文件的密码为 tdtdtd,如图 9-41 所示,打开之后的两个文件如图 9-42 和图 9-43 所示。

(4) 在如图 9-42 所示的对话框中,打开 USERS 表,将 USERS 表中记录全部删除,将所有记录选中(Ctrl＋A),选择"编辑"|"删除"菜单命令,如图 9-44 所示,弹出确认删除对话框,单击"是"按钮,则把 USERS 表中记录全部删除。

(5) 在如图 9-43 所示的 doms 源文件对话框中,把 Source_doms.mdb 中的 USERS 表打开,将 USERS 表中记录全部复制到 doms.mdb 中的 USERS 表。将所有记录选中(Ctrl＋A),

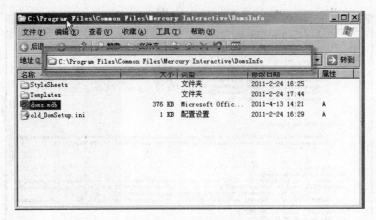

图 9-39 doms.mdb 路径

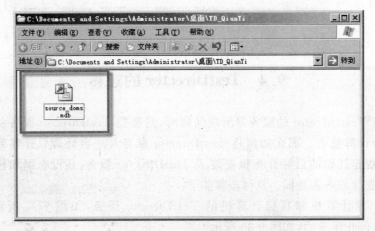

图 9-40 源文件改名

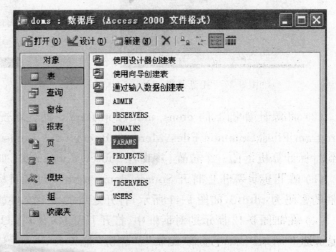

图 9-41 输入密码   图 9-42 目标 doms 文件

选择"编辑"|"复制"菜单命令，打开 doms.mdb 中的 USERS 表，选择"编辑"|"粘贴"菜单命令，如图 9-45 所示，则 Source_doms.mdb 中的 USERS 表中记录粘贴到 doms.mdb 中的 USERS 表中，如图 9-46 所示。在弹出的确认对话框中，单击"是"按钮即可。

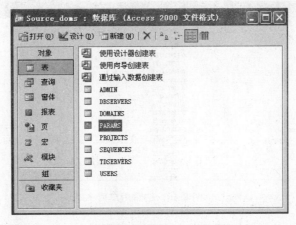

图 9-43　源 doms 文件

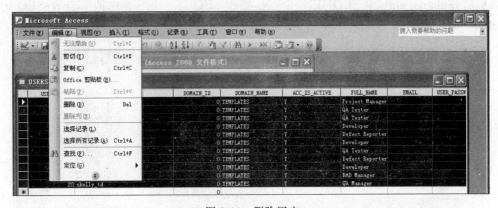

图 9-44　删除用户

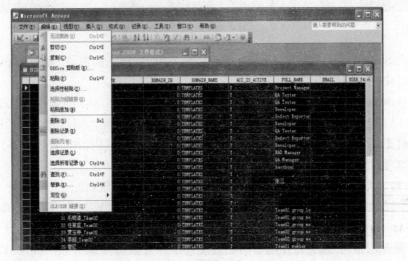

图 9-45　粘贴用户

图 9-46　粘贴用户后

（6）查询 doms. mdb 中 USERS 表中个数，如个数为 47（在 USERS 表下方显示记录的条数），打开 doms. mdb 中 SEQUENCES 表，修改 SEQUENCES 表中的 USER_SEQ 记录的 SEQUENCE_VALUE 值为 48，如图 9-47 所示。

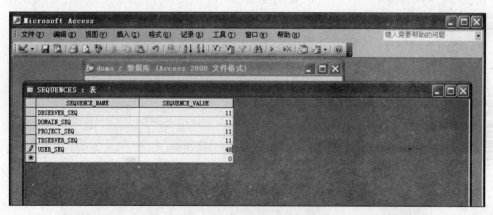

图 9-47　修改 SEQUENCES

（7）将 Source_doms. mdb 中的 DOMAINS 表中记录（除前两条）复制到 doms. mdb 中的 DOMAINS 表，操作同步骤（5）。

（8）查询 doms. mdb 中的 DOMAINS 表的个数，如个数为 4，则修改 SEQUENCES 表中的 DOMAIN_SEQ 记录的 SEQUENCE_VALUE 值为 5，操作同步骤（6）。

（9）将源计算机上的域仓库中的各个域，复制到目标计算机上的域仓库下。（源计算机上的域仓库见文件夹"源计算机域仓库"）。

（10）启动目标计算机上的 TestDirector 服务，操作同步骤（1）。

（11）登录到 TestDirector 站点管理，查看站点管理中的用户列表、域列表、TestDirectorserver、参数各选项是否能正常使用，如图 9-48 所示。建议目标计算机上使用的数据库服务器相同（因为每个项目的配置文件中存有数据库服务器），如果数据库服务器不相同，则需要修改每个项目的配置文件 Dbid. ini 文件。

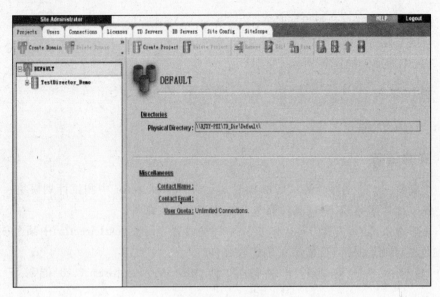

图 9-48　站点管理

(12) 恢复项目。恢复域仓库中的各个项目,如图 9-49 所示,然后登录到 TestDirector 各个项目中,查看项目数据是否正确,恢复项目的操作步骤比较简单,在此略过,详细内容见第 3.2.6 节内容。

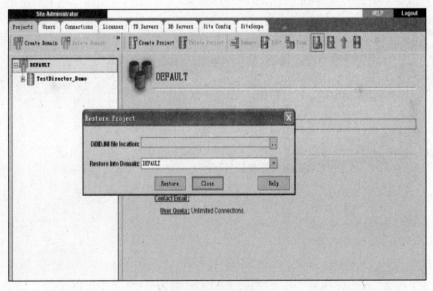

图 9-49　恢复项目

9.5　同步训练

9.5.1　实验目标

(1) 导入 Excel 文档中数据到 TestDirector 中。

（2）设置项目能够自动收发邮件。

（3）使用 Internet Explorer 7 访问 TestDirector。

（4）TestDirector 的迁移。

9.5.2 前提条件

TestDirector 能够正常使用。

9.5.3 实验任务

（1）正确将 Excel 文件中测试用例数据导入到 TestDirector 中测试计划模块。

（2）安装邮件服务器，测试邮件服务器能够正常收发邮件。

（3）参照本章讲解，设置 TestDirector 中相关设置，保证 TestDirector 中某个项目能够自动发邮件或手动发邮件，且能够正确接收邮件。

（4）参照本章讲解进行相关设置，使 Internet Explorer 7.0 能够正常访问 TestDirector。

（5）迁移整个 TestDirector 服务器。

第10章　Discuz!社区项目实战

前面章节已学习了测试流程管理知识及 TestDirector 基本功能模块的使用。读者已从各层面上认识了 TestDirector。本章将以一个项目作为实例从综合角度揭示项目整体测试流程的管理，来加深读者对测试流程管理知识及 TestDirector 各层面的理解。

本章讲解的主要内容如下：

(1) Discuz!社区项目实战介绍；

(2) TestDirector 的站点管理；

(3) TestDirector 项目自定义管理；

(4) TestDirector 测试需求管理；

(5) TestDirector 测试计划管理；

(6) TestDirector 测试执行管理。

10.1　Discuz!社区项目实战介绍

本书介绍的 Discuz!社区是河北师范大学软件学院作为学院内部信息发布及网络沟通平台。在此，针对 Discuz!社区做一次系统测试(例如只做功能测试)，并使用 TestDirector 来管理测试过程中的数据。

10.1.1　系统介绍

Discuz! X1.5 是集门户、广场(论坛)、群组、家园及排行榜等五大服务于一身的开源互动平台，可帮助管理员轻松进行网站管理、扩展网站应用。目前很多网站采用 Discuz!系列进行运营。读者可访问如下资源搜集并查看相关介绍。

(1) http://x.discuz.ent。

(2) http://www.discuz.net/release/dzx15/。

10.1.2　系统搭建

Discuz!社区搭建方式如下。

(1) 成功配置 Apache+MySQL+PHP+PERL 环境。基于篇幅限制，不再赘述。

注意：读者可结合实际情况搭建 Web 服务器及数据库服务器。

(2) 将 upload 工程文件夹放至站点目录下(如 hTestDirectorocs 或 www)。

(3) 启动安装向导。在浏览器中访问 http://<IP>/upload/地址，进入如图 10-1 所示的 Discuz!安装向导并单击"我同意"按钮。

(4) 配置检查。在如图 10-2 所示窗口中自动进行环境、目录文件权限及函数依赖性检查并单击"下一步"按钮。

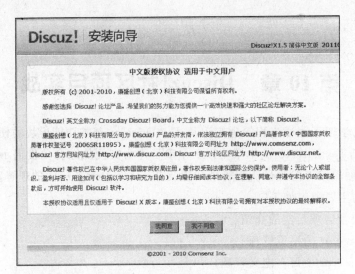

图 10-1　安装向导协议

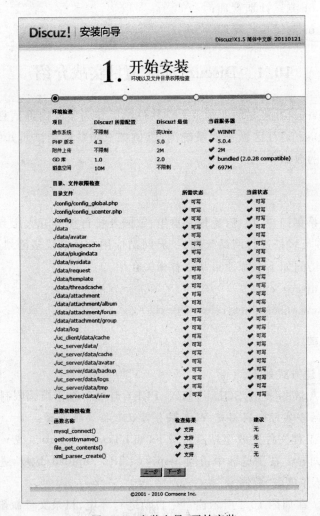

图 10-2　安装向导_开始安装

（5）设置运行环境。在如图 10-3 所示窗口中选择安装类型并单击"下一步"按钮。

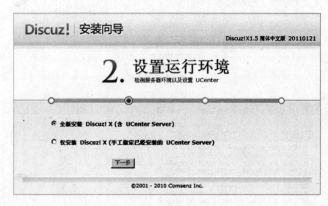

图 10-3　安装向导_设置运行环境图

（6）安装数据库。在如图 10-4 所示窗口中填写数据库信息及管理员信息并单击"下一步"按钮，可自动进行数据库安装，如图 10-5 所示。

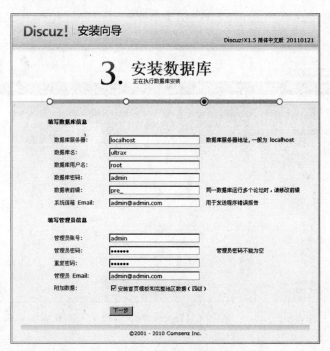

图 10-4　安装向导_安装数据库_配置

（7）访问 Discuz!社区。数据库安装完成后进入安装成功提示窗口，单击"安装成功，单击进入"超链接可进入如图 10-6 所示的 Discuz!社区首页。

注意：

（1）Apache 启动前，请检查 80、81、443 端口是否被占用，避免 Apache 启动不成功。

（2）建议读者熟练使用 phpMyAdmin 工具，进行数据库管理。

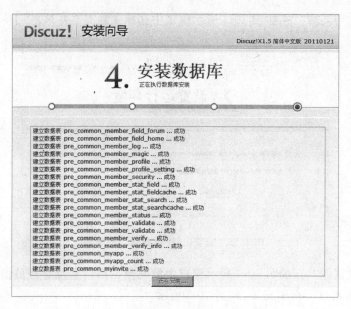

图 10-5 安装向导_安装数据库_过程

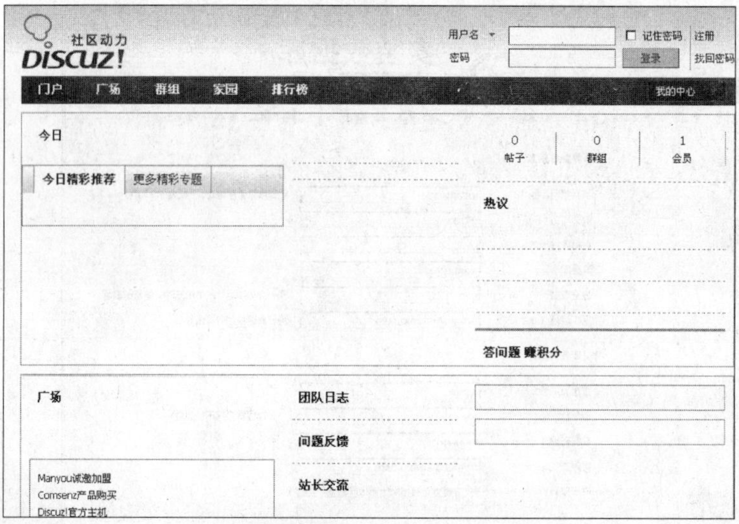

图 10-6 Discuz!社区首页

10.2 TestDirector 的站点管理

下面,接着以 Discuz!社区为案例,针对 Discuz!社区来进行系统测试,在测试过程中使用 TestDirector 来管理整个测试,如果用 TestDirector 来管理项目,则第一步需要登录到站点管理中,添加该项目。Discuz!社区的工作现状分析见附录 B。具体操作步骤如下。

(1) 在浏览器地址栏输入 TestDirector 的 URL,按 Enter 键后,显示 TestDirector 主页,如图 10-7 所示,单击左侧 Site Administrator 超链接,进入 TestDirector 的站点管理登录页面,如图 10-8 所示,输入密码,单击 Login 按钮,登录到站点管理页面,如图 10-9 所示。

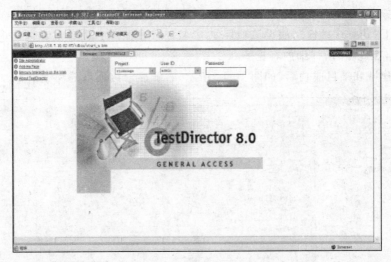

图 10-7　TestDirector 首页

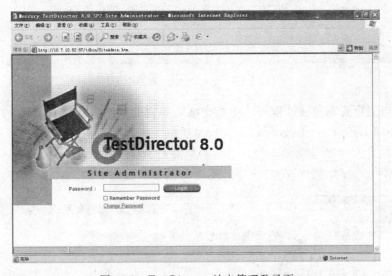

图 10-8　TestDirector 站点管理登录页

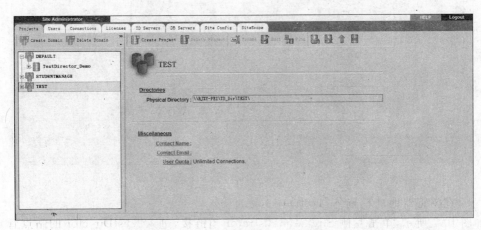

图 10-9　TestDirector 站点管理

（2）在如图 10-9 所示的站点管理页面中，单击 Projects 选项卡，创建域 DISCUZ，在该域下创建项目"discuz 社区"，假设该项目使用 Access 数据库。创建域和创建项目的操作步骤比较简单，在此略过，详细内容见第 3.2 节。

（3）创建域和项目成功后，如图 10-10 所示，右侧显示该项目的详细信息。

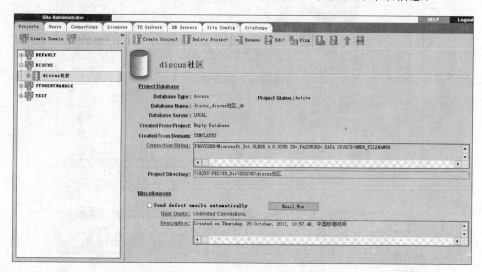

图 10-10　TestDirector 站点管理

（4）希望该项目在测试过程管理中提交缺陷后能够自动发送邮件，则在 Projects 选项卡中选中 Send Defect emails automatically 复选框。

（5）在如图 10-9 所示的站点管理页面中单击 Users 选项卡，给 Discuz 社区项目组中的用户在 TestDirector 中添加账户，根据附录 A 中的项目组成员添加账户，如图 10-11 所示。

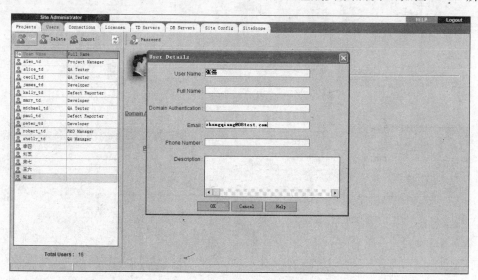

图 10-11　TestDirector 添加账户

（6）设置自动发送邮件的时间间隔。在图 10-12 中单击 Site Config 选项卡，设置 MAIL_INTERVAL 的值为 0。

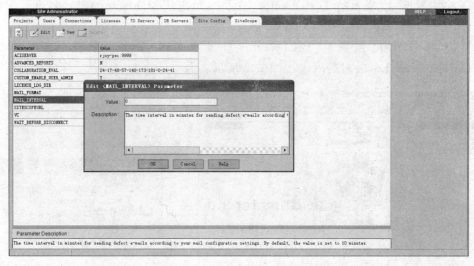

图 10-12　TestDirector 的站点参数

10.3　TestDirector 项目自定义管理

添加了项目之后,需要针对该项目的基本需求进行一些自定义设置,如添加项目成员、设置成员角色及权限、设置各角色访问模块、自定义界面显示信息等内容,该项目的自定义设置影响着测试过程管理中的测试需求模块、测试计划模块、测试执行模块、缺陷模块的显示和使用。根据附录 D 的 Discuz!项目的工作现状,需要进行如下几项设置。

10.3.1　登录项目自定义页面

对项目进行自定义设置时,首先需要登录到项目自定义设置页面,具体步骤如下。

(1) 打开浏览器,输入 TestDirector 的 URL 为 http://[TestDirector Server Name or IP address]/[virtual directory name]/default. htm,按 Enter 键后,显示 TestDirector 首页,如图 10-13 所示。

图 10-13　TestDirector 首页

（2）在如图 10-13 所示的 TestDirector 首页中，单击 TestDirector 超链接，进入项目登录页面，如图 10-14 所示。

（3）在如图 10-14 所示的 TestDirector 登录页面中，单击页面右上角的超链接 CUSTOMIZE，弹出 Login 对话框，如图 10-15 所示。

图 10-14　TestDirector 项目登录

图 10-15　TestDirector 自定义登录

在 Login 对话框中的内容含义如下。

① Domain：选择项目所属的域 DISCUZ。

② Project：选择要管理的项目 discuz 社区。

③ User ID 和 Password：用户名 admin 和密码。

（4）Login 对话框中，单击 OK 按钮，进入 PROJECT CUSTOMIZATION 页面，如图 10-16 所示，在该页面可以针对所选的项目进行一些管理。

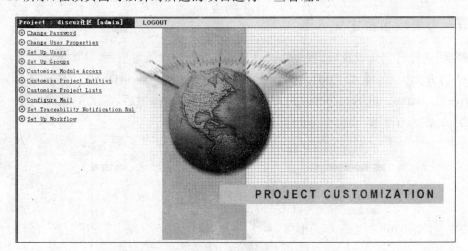

图 10-16　TestDirector 自定义登录页面

10.3.2　添加项目成员

根据附录 D 中的项目组成员，添加项目"discuz 社区"用户。

（1）在 PROJECT CUSTOMIZATION 页面中，单击 Set Up Users 超链接，弹出 Set

Up Project Users 对话框,如图 10-17 所示。

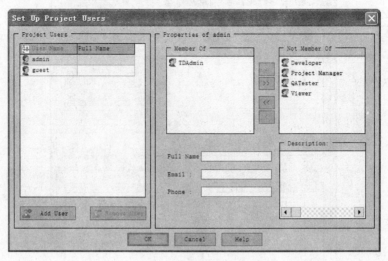

图 10-17　项目用户管理

(2) 在 Set Up Project Users 对话框中,对话框左侧的 Project Users 列表中列出了项目的现有用户,要增加新的用户,单击 Add User 按钮,弹出 Add User To Project(增加新的项目用户)对话框,如图 10-18 所示。

(3) 在 Add User To Project 对话框中,选择张强、刘延、李涛、王冲(按 Ctrl 键)之后,单击 OK 按钮,则将张强、刘延、李涛、王冲添加到项目"discuz 社区"中。

10.3.3　添加项目组

为了演示添加组,项目"discuz 社区"不使用系统组。根据附录 D 中的项目的基本需求,因为开发人员和开发经理有不同的权限、测试人员和测试经理有不同的权限,故需添加 4 个组,DISCUZDeveloper 对应开发人员、DISCUZDevManager 对应开发经理、DISCUZTester 对应测试人员、DISCUZTest Manager 对应测试经理,操作步骤如下。

图 10-18　项目添加用户

(1) 在 PROJECT CUSTOMIZATION 页面中,单击 Set Up Groups 超链接,弹出 Set Up Groups(设置用户组)对话框,如图 10-19 所示。

(2) 在 Set Up Groups 对话框中,单击 New 按钮,打开 New Group(新建组)对话框,如图 10-20 所示。

(3) 在 New Group 对话框中,Name 文本框中输入 DISCUZDeveloper,Create As 下拉列表中选择 Developer,单击 OK 按钮,系统弹出 Confirm 对话框,如图 10-21 所示,单击 Yes 按钮,系统开始创建组。

(4) 重复步骤(3)新建组 DISCUZ DevManager。

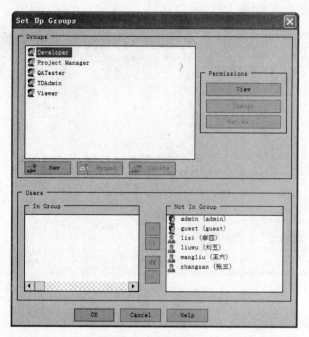

图 10-19 用户组管理

图 10-20 新建组

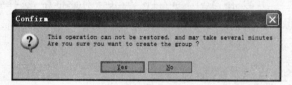

图 10-21 新建组确认

（5）新建 DISCUZTester 组，在 New Group 对话框中，Name 文本框中输入 DISCUZTester，Create As 下拉列表中选择 QATester，单击 OK 按钮。具体操作同上。

（6）重复步骤（5）新建组 DISCUZTest Manager。

10.3.4 设定组权限及成员

根据附录 D 中的项目的基本需求表中的"使用模块及模块内具体权限"要求，设定刚添加的 4 个组 DISCUZDeveloper、DISCUZ DevManager、DISCUZTester、DISCUZTest Manager 权限。具体步骤如下。

（1）在 Set Up Groups 对话框中，选中组 DISCUZDevelope，单击 Change 按钮，弹出 Permission Settings For DISCUZDeveloper Group（设置组 DISCUZDevelope 权限）对话框，如图 10-22 所示，设置组 DISCUZDeveloper 权限，由于开发人员只能使用缺陷模块，其他模块不显示，故在如图 10-22 所示对话框的 Requirements、Test Plan、Test Lab 选项卡中不需要设置权限，单击 Defect 选项卡，设置缺陷模块权限，如图 10-23 所示。

（2）在 Defect 选项卡中，取消选择 Add Defects 复选框，即不能添加缺陷，只能修改缺陷。

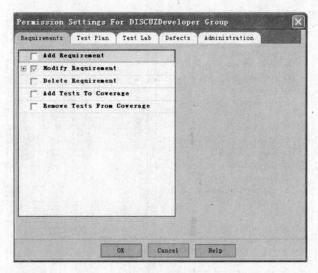

图 10-22 修改权限

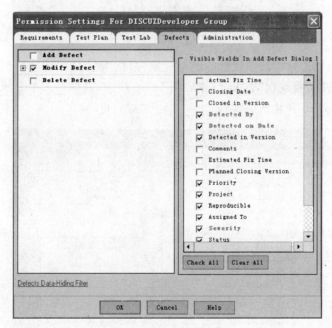

图 10-23 修改缺陷权限

（3）在 Defect 选项卡中，单击 Modify Defect 前的"＋"，选择 Status 字段，可设置缺陷状态字段的转换规则，即修改该字段的约束规则，根据附录 D 中的项目的基本需求表中的"修改缺陷状态字段转换规则"要求，设置如图 10-24 所示，右侧列表中显示该状态字段只能从一种状态转换到另一种状态的规则。

（4）组 DISCUZDeveloper 设定好权限后，设定组成员，将张强设置到该组。

（5）选中组 DISCUZ DevManager 设定开发经理权限，开发经理的设置模块权限同 DISCUZDeveloper，步骤略，只有修改缺陷的 Status 字段转换规则不同。

（6）在 Defect 选项卡中，单击 Modify Defect 前的"＋"，选择 Status 字段，可设置缺陷

图 10-24　开发人员字段转换规则

状态字段的转换规则即修改该字段时的约束规则,根据附录 D 中的项目的基本需求表中的"修改缺陷状态字段转换规则"要求,设置如图 10-25 所示,右侧列表中显示该状态字段只能从一种状态转换到另一种状态的规则。

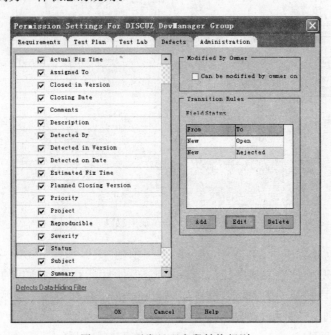

图 10-25　开发经理字段转换规则

　　(7) 组 DISCUZ DevManager 设定好权限后,设定组成员,将刘延设置到该组。

　　(8) 选中组 DISCUZTester,单击 Change 按钮,弹出 Permission Settings For DISCUZTester

Group 对话框,如图 10-22 所示,将选择的所有复选框取消。

(9) 设定 Test Plan 选项卡,将选择的所有复选框取消。

(10) 设定 Test Lab 选项卡,默认当前设置。

(11) 设定 Defects 选项卡,默认当前设置。

(12) 在 Defects 选项卡,单击 Modify Defect 前的"+",选择 Status 字段,设置缺陷状态字段的转换规则即修改该字段时的约束规则,添加约束规则 fixed|verified(该字段会在第10.3.7 节添加);fixed|reopen,步骤略。

(13) 组 DISCUZTester 设定好权限后,设定组成员,将李涛设置到该组。

(14) 选中组 DISCUZTest Manager,单击 Change 按钮,设定权限,将 Requirements 选项卡、Test Plan 选项卡、Test Lab 选项卡、Defects 选项卡中所有的勾都打上,即所有权限都有,设定 Defects 选项卡中的字段转换规则,单击 Modify Defect 前的"+",选择 Status 字段,设置缺陷状态字段的转换规则即修改该字段时的约束规则,添加约束规则 verified|closed;rejected|closed;rejected|new,步骤略。

(15) 组 DISCUZTest Manager 设定好权限后,设定组成员,将王冲设置到该组。

10.3.5 设定组数据过滤

根据附录 D 中的项目的基本需求表中的"数据过滤"要求,设定刚添加的 4 个组 DISCUZDeveloper、DISCUZ DevManager、DISCUZTester、DISCUZTest Manager 数据过滤。操作步骤如下。

(1) 在 Set Up Groups 对话框中,选中组 DISCUZDeveloper,单击 Change 按钮,单击 Defects 选项卡,在如图 10-23 所示对话框中,单击左下角的 Defects Data-Hiding Filter 超链接,打开 Defects Data-Hiding Filter 对框,如图 10-26 所示。

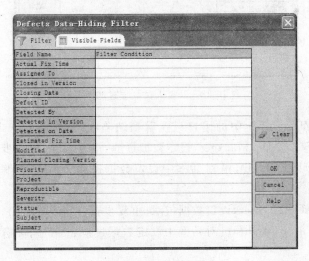

图 10-26　显示字段

(2) 在 Defects Data-Hiding Filter 对话框中,单击 Filter 选项卡,单击 Field Name 为 Status 的 Filter Condition 字段的空白处,这时字段中出现一个浏览按钮，单击该按钮,弹出 Select Filter Condition 对话框,如图 10-27 所示。

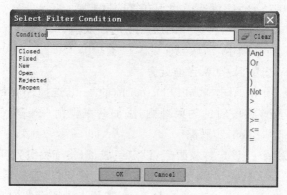

图 10-27　过滤条件

（3）在 Select Filter Condition 对话框的状态列表中单击 open，然后单击右侧的 Or，然后单击状态列表中的 Reopen，单击 OK 按钮，系统会将刚才的状态字段添加到图 10-26 对话框中的 Filter Condition 列中，如图 10-28 所示。

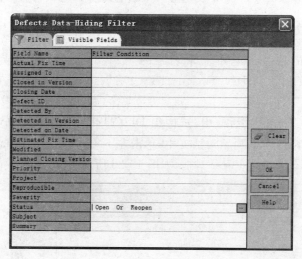

图 10-28　开发人员数据过滤条件

（4）组 DISCUZDeveloper 中的用户只能看到缺陷状态为 open Or Reopen 数据记录。

（5）选中组 DISCUZ DevManager，设定数据过滤，重复步骤（1）和步骤（2）。

（6）在 Select Filter Condition 对话框中设定数据过滤条件时，缺陷状态设置 New 即可，如图 10-29 所示。

（7）选中组 DISCUZTester，设定数据过滤，重复步骤（1）和步骤（2）。

（8）在 Select Filter Condition 对话框中设定数据过滤条件时，缺陷状态设置 Fixed 即可，如图 10-30 所示。

（9）选中组 DISCUZTest Manager，设定数据过滤，重复步骤（1）和步骤（2）。

（10）在 Select Filter Condition 对话框中设定数据过滤条件时，缺陷状态设置 New Or Rejected Or Verified Or Closed 即可，如图 10-31 所示。

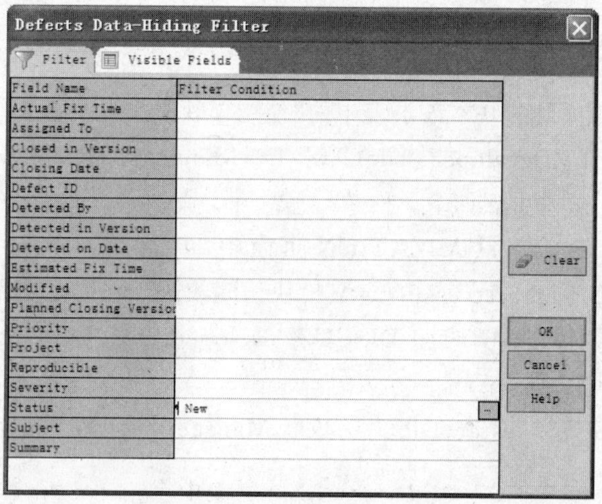

图 10-29　开发经理数据过滤条件

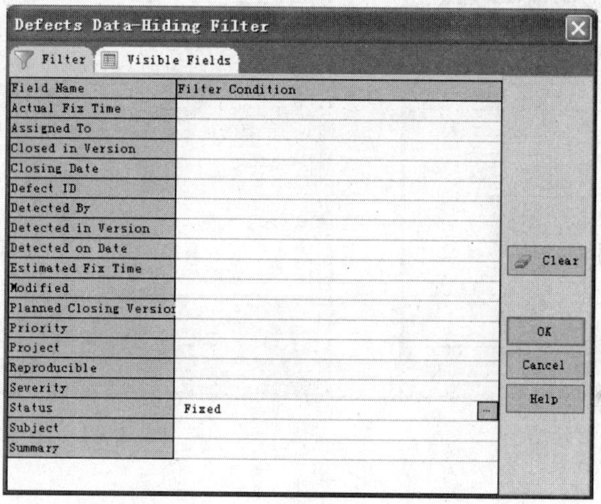

图 10-30　测试人员数据过滤条件

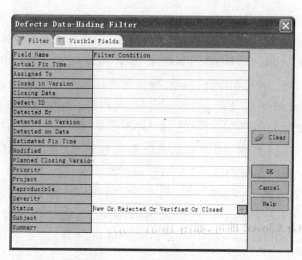

图 10-31　测试经理数据过滤条件

10.3.6　设置组访问模块

根据附录 D 中的项目的基本需求表中的"使用模块及模块内具体权限"要求,设定刚添加的 4 个组 DISCUZDeveloper、DISCUZ DevManager、DISCUZTester、DISCUZTest Manager 访问模块。操作步骤如下。

(1) 在 PROJECT CUSTOMIZATION 页面中,单击 Customize Module Access 超链接,弹出 Customize Module Access(自定义模块访问权限)对话框,如图 10-32 所示。

(2) 根据项目基本需求,开发组 DISCUZDeveloper、DISCUZ DevManager 只能使用缺陷模块,设置如图 10-32 所示。

(3) 测试组 DISCUZTester、DISCUZTest Manager 各个模块都可以使用,在图 10-32 中默认设置即可。

图 10-32　模块访问

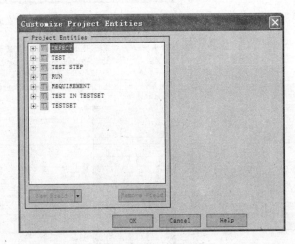

图 10-33　自定义字段

10.3.7　自定义字段及字段内容

根据附录 D 中的项目的基本需求表中的"td 各模块显示的字段内容"要求,自定义项目缺陷字段 Build、测试用例字段 priority 并设置字段列表内容。具体步骤如下。

(1) 在 PROJECT CUSTOMIZATION 页面中,单击 Customize Project Entities 超链接,弹出 Customize Project Entities(自定义项目实体)对话框,如图 10-33 所示。

(2) 在 Customize Project Entities 对话框中,找到对应缺陷模块的实体 DEFECT,单击 DEFECT 前的 ⊞,单击 User Fields,如图 10-34 所示。

(3) 单击 New Field 按钮,右侧显示该字段其他信息,在 Field Label 文本框中输入 Build,在 Filed Type 下拉列表中选择 Lookup List 类型,如图 10-35 所示。

(4) 单击 New List 按钮,弹出 Customize Project Lists 对话框,如图 10-36 所示,在 List Name 文本框中输入 Build,单击 New Item 按钮,添加列表内容,单击 OK 按钮,返回 Customize Project Entities 对话框中,单击 OK 按钮,则自定义字段 Build 及字段内容完成。

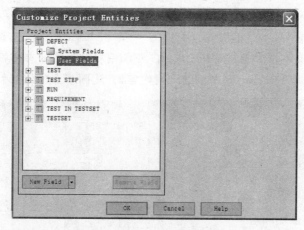

图 10-34　自定义字段

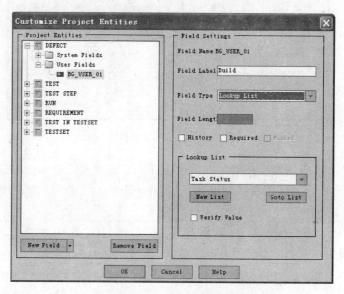

图 10-35　增加字段

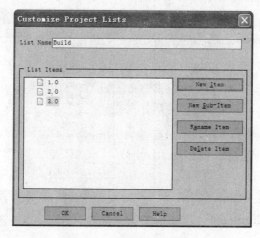

图 10-36　自定义列表内容

(5) 添加自定义字段 Priority 字段,在 Customize Project Entities 对话框中,找到对应测试用例模块的实体 TEST,单击 TEST 前的 ⊞,单击 User Fields,右侧显示该字段其他信息,在 Field Label 文本框中输入 Priority,在 Filed Type 下拉列表中选择 Lookup List,如图 10-37 所示,然后创建 Priority 字段的列表内容,方法同步骤(4)。

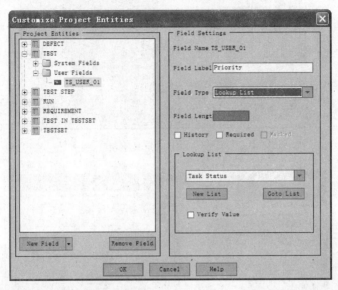

图 10-37　增加字段

(6) 添加缺陷状态列表项内容 verified,在 PROJECT CUSTOMIZATION 页面中,单击 Customize Project Lists 超链接,弹出 Customize Project Lists(自定义项目列表)对话框,如图 10-38 所示。

(7) 在 Customize Project Lists 对话框中,在 Lists 下拉框中选择 Bug Status 列表,如图 10-39 所示,显示该列表的当前列表项内容,单击 New Item 按钮,弹出 New Item 对话框,在 New Item 对话框中输入 Verified,单击 OK 按钮,返回 Customize Project Lists 对话框。

图 10-38　自定义项目列表

图 10-39　自定义列表内容

10.3.8　配置邮件

根据附录 D 中的项目的基本需求表中的"自动发送邮件条件"、"设置接收邮件过滤"要求来进行邮件设置。操作步骤如下。

（1）在 PROJECT CUSTOMIZATION 页面中，单击 Configure Mail 超链接，弹出 Confirm Mail（配置邮件）对话框，如图 10-40 所示。

（2）根据要求邮件自动发送邮件条件为缺陷状态、严重程度、优先级发生变化，如图 10-41 所示。

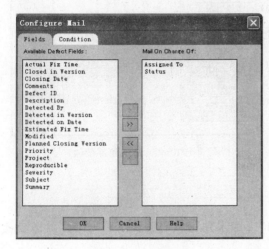

图 10-40　配置邮件　　　　　　　　　　图 10-41　自动发送邮件

（3）在图 10-40 中，单击 Condition 选项卡，如图 10-42 所示，设置测试人员李涛收到邮件内容，左侧列表中选中 litao，单击右侧的 Condition 按钮，弹出 Filter 对话框，如图 10-43 所示，在其中将所选 Status 记录的 Filter Condition 设为 Fixed。

图 10-42　过滤接收邮件

图 10-43　过滤邮件条件

（4）在图 10-42 Condition 选项卡中，继续设置测试经理王冲收到邮件内容，左侧列表中选中 wangchong，单击右侧的 Condition 按钮，弹出 Filter 对话框，如图 10-44 所示，将所选

Status 记录的 Filter Condition 设为 rejected。

（5）设置开发人员邮件内容，如图 10-45 所示，左侧列表中选中 Assigned To，单击右侧的 Condition 按钮，弹出 Filter 对话框，将所选 Status 记录的 Filter Condition 设为 New、Open 或 Reopen。

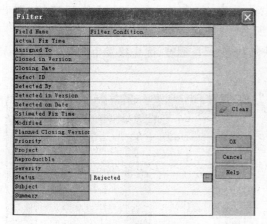
图 10-44　过滤邮件条件

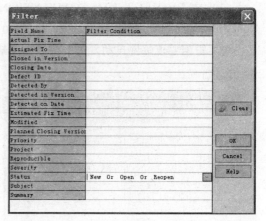
图 10-45　过滤邮件条件

10.3.9　设置跟踪警告规则

根据附录 D 中的项目的基本需求表中的"跟踪规则"要求，设置跟踪规则。操作步骤如下。

在 PROJECT CUSTOMIZATION 页面中，单击 Set Traceability Notification Rules 超链接，弹出 Set Traceability Notification Rules 对话框，根据附录 D 设置如图 10-46 所示。

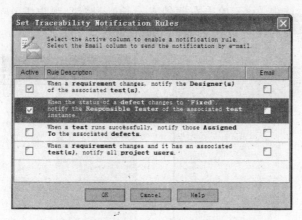
图 10-46　设置跟踪规则

10.4　TestDirector 测试需求管理

针对项目"discuz 社区"进行手动功能测试和自动化功能测试。手动功能测试只针对一条测试需求进行演示，而自动化功能测试针对登录进行演示。

1. 在项目中添加新需求

（1）以测试经理 wangchong 登录到 TestDirector 项目"discuz 社区"中，进入 REQUIREMENTS 模块。

（2）单击工具栏中的 New Requirement 按钮 ，打开 New Requirement 对话框，如图 10-47 所示，在 Name 文本框中输入测试需求名称"手动功能测试"。

（3）在 New Requirement 对话框中，单击 OK 按钮，TestDirector 在需求树中增加了一个需求结点"手动功能测试"。

（4）重复步骤（2），输入测试需求名称"自动化功能测试"。

2. 为刚刚添加的需求结点"手动功能测试"添加子需求"注册"、"登录"

（1）在需求树中，选中刚刚创建的需求"手动功能测试"，单击工具栏上的 New Child Requirement 按钮 ，弹出 New Requirement 对话框，如图 10-48 所示。

图 10-47　添加需求　　　　　　　　　　图 10-48　添加子需求

（2）在 New Requirement 对话框中，输入"注册"，单击 OK 按钮，系统自动在"手动功能测试"添加一个子需求"注册"。

（3）重复步骤（1）～步骤（2），在"手动功能测试"下添加子需求"登录"。

（4）重复步骤（1）～步骤（2），依据附录 D 中的测试需求为"注册"、"登录"，添加其子需求。

（5）添加测试需求完毕后，最终状态如图 10-49 所示。

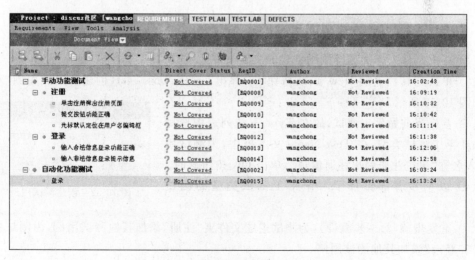

图 10-49　测试需求

（6）添加测试需求之后，测试组内组织测试需求评审，评审通过的需求修改其状态为 Reviewed，未通过需求进行修改，修改后再评审。

10.5 TestDirector 测试计划管理

测试需求确定后,需要根据测试需求设计测试用例。

10.5.1 添加测试主题

(1) 在测试树视图下,单击工具栏上的 New Folder 按钮,弹出 New Folder(新主题文件夹)对话框,如图 10-50 所示。

(2) 在 Folder Name 文本框中输入名称"手动功能测试"。

(3) 重复步骤(1),建立新的主题输入名称"自动化功能测试"。

(4) 在主题"手动功能测试"输入"注册"、"登录"子测试主题文件夹,如图 10-51 所示。

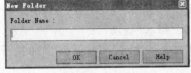

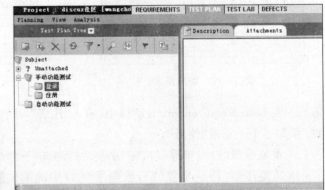

图 10-50 创建测试主题文件夹   图 10-51 测试主题文件夹

10.5.2 添加测试用例到测试主题

(1) 在测试计划树上选择刚刚创建的主题文件夹"注册"。

(2) 单击工具栏上的 New Test 按钮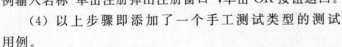,弹出 Creat New Test(创建新测试用例)对话框,如图 10-52 所示。

(3) 首先当前做手工测试,故在 Type 下拉列表中选择 Manual 手工测试类型,在 Test Name 文本框中,为测试用例输入名称"单击注册弹出注册窗口",单击 OK 按钮返回。

(4) 以上步骤即添加了一个手工测试类型的测试用例。

图 10-52 创建测试用例

(5) 重复步骤(2)~步骤(3),为测试主题文件夹"注册"添加其他测试用例,为测试主题文件夹"登录"添加其他测试用例。

(6) 下面做自动化功能测试,以 Quick Test Professional 9.2 工具为例来演示,需要提前下载插件 TestDirectorPlugInsSetup.exe(下载插件操作详见第 2.2.7 节),并安装在客户端计算机上。

（7）在测试计划树上选择刚刚创建的主题文件夹"自动化功能测试"。

（8）单击工具栏上的 New Test 按钮 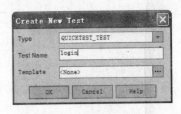，弹出 Creat New Test（创建新测试用例）对话框，在 Type 下拉列表中选择 QUICKTEST_TEST 测试类型（如果计算机上没有安装插件，此类型不显示），在 Test Name 文本框中，为测试用例输入名称 Login，并单击 OK 按钮返回，如图 10-53 所示。

图 10-53　创建测试用例

（9）添加所有测试用例后，如图 10-54 所示。

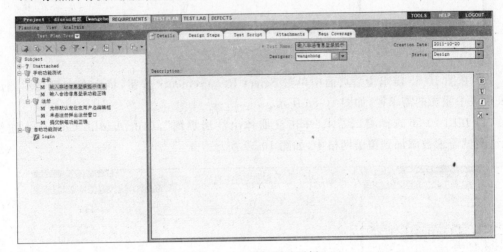

图 10-54　添加测试用例

10.5.3　连接需求到测试用例

（1）在测试计划树上选择创建的测试用例"单击注册弹出注册窗口"。

（2）单击右侧的 Reqs Coverage 选项卡，如图 10-55 所示。

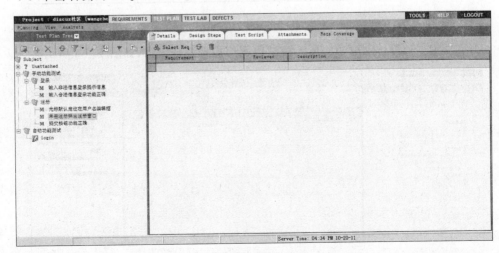

图 10-55　需求覆盖

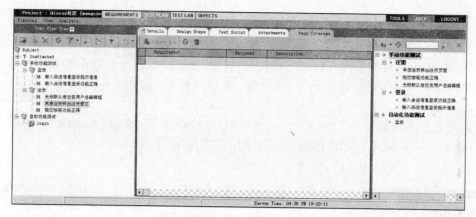

图 10-56　选择需求

(3) 在图 10-55 需求覆盖页面中单击 Select Requirements 按钮,将会在右侧显示测试需求模块中添加的需求树,如图 10-56 所示。

(4) 在图 10-56 选择测试需求"单击注册弹出注册页面",单击 Add to Coverage 按钮,该测试需求被添加到覆盖网格中,如图 10-57 所示。

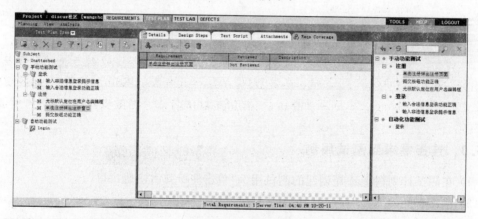

图 10-57　添加需求

(5) 重复步骤(1)~步骤(4)将所有测试用例连接到测试需求,如图 10-58 所示。

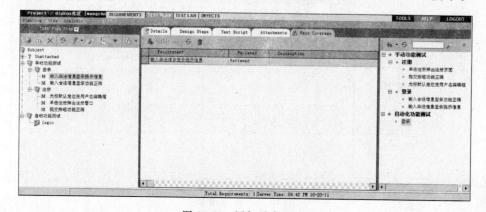

图 10-58　添加需求覆盖

10.5.4　构建测试用例步骤

（1）在测试计划树上选择已创建的测试用例"单击注册弹出注册页面"，并单击 Design Steps 选项卡，如图 10-59 所示。

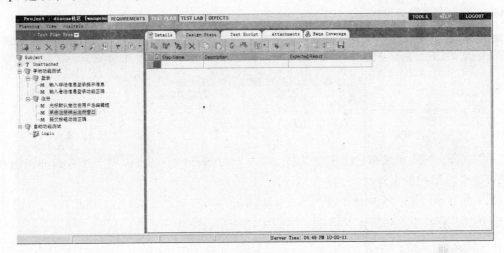

图 10-59　测试用例设计步骤

（2）在图 10-59 所示界面中，单击工具栏上的 New Step 按钮█或右击设计步骤表格，从弹出的快捷菜单中选择 New Step 菜单命令，弹出 Design Step Editor 对话框，如图 10-60 所示。其中 Step Name 文本框用于输入步骤名称，默认名称为测试步骤的序列号，可以修改该名称。

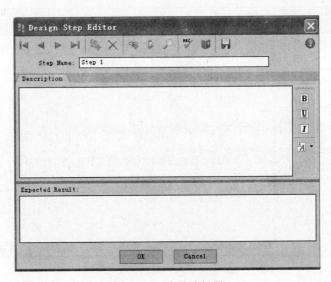

图 10-60　步骤编辑器

（3）在 Description 中输入该测试用例的全部步骤。

① 打开论坛首项。

② 单出"注册"按钮。

（4）在 Expected Result 中输入测试用例的期望结果

① 弹出"注册"页面。

② 页面中显示信息正确。

（5）选择 OK 按钮返回，表格中添加了这些测试步骤，如图 10-61 所示，构建了测试步骤的测试用例的图标变为 M。

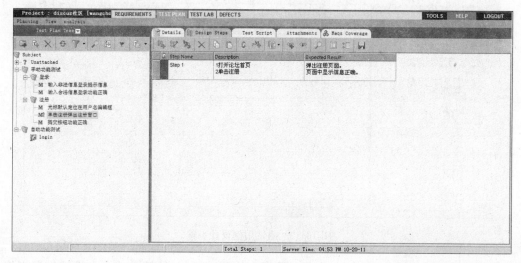

图 10-61　添加用例步骤

（6）参考步骤（1）～步骤（5），依据附录 F，构建所有测试用例步骤，最终状态如图 10-62 所示。

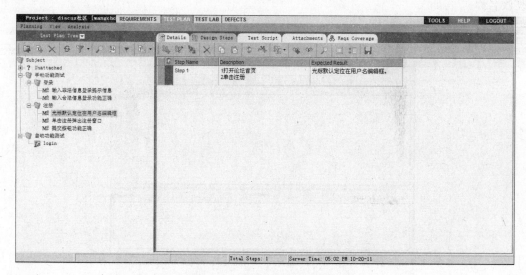

图 10-62　添加所有用例步骤

10.5.5　创建自动化测试脚本

根据自动化测试计划，需要设计自动化测试用例，对于自动化的测试用例还需要创建自动化测试脚本。

（1）在测试计划树上选择已创建的自动化测试用例 login，并单击 Design Steps 选项卡，添加自动化测试用例。此步骤省略，添加测试用例后，自动化测试用例 login 图标变为 。

（2）在测试计划树上选择已创建的自动化测试用例 login，并单击 Test Script 选项卡，如图 10-63 所示，由于 login 用例类型为 QUICKTEST_TEST，右侧显示了 QUICKTEST Professional 的界面。

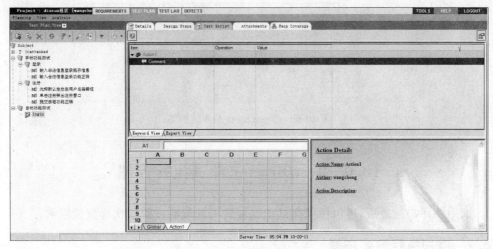

图 10-63　创建脚本

（3）在 Test Script 选项卡中单击 Launch QuickTest Professional 后，TestDirector 会连接本机上的 QuickTest Professional 工具并打开 QuickTest Professional 工具，如图 10-64，在打开的 QuickTest Professional 界面中可进行录制脚本，编辑脚本完成后，单击"保存"按钮，退出 QuickTest Professional。QuickTest Professional 脚本保存到 TestDirector 当中，需要刷新，脚本显示，如图 10-65 所示。

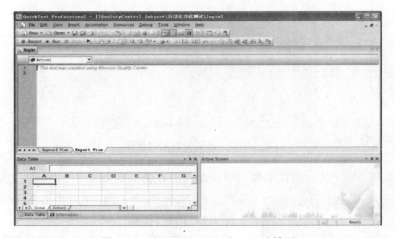

图 10-64　QuickTest Professional 界面

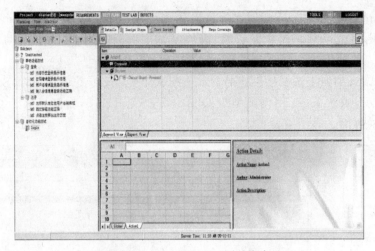

图 10-65　TestDirector 测试脚本

10.6　TestDirector 测试执行管理

测试用例评审通过后,可以按照测试计划中的测试策略按阶段执行测试用例。

10.6.1　添加执行测试主题

(1) 以 litao 账户登录项目"discuz 社区",单击 TEST LAB 模块,如图 10-66 所示。

图 10-66　测试实验室树视图

(2) 在如图 10-66 所示测试集树视图页面选择左侧的树状结构的 Root 文件夹,单击工具栏上的 New Folder 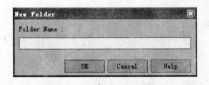 图标,弹出 New Folder(新建文件夹)对话框,如图 10-67 所示。

(3) 在 Folder Name 文本框中输入执行测试主题名称为"手动功能测试",单击 OK 按钮,执行测试主题会被添加到左边的测试集列表中。

图 10-67　新建执行测试主题

（4）执行步骤（1）和步骤（2），添加执行测试主题名称"自动化功能测试"。

（5）添加完成后，如图10-68所示。

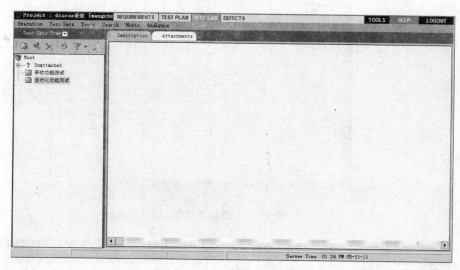

图10-68　添加执行测试主题

10.6.2　添加测试集到执行测试主题

（1）在添加了执行测试主题后，选择执行测试主题"手动功能测试"，单击工具栏上的
New Test Set按钮，弹出New Test Set（新建测试集）
对话框，如图10-69所示。

（2）在Test Set Name文本框中输入测试集名称
"登录"。

（3）单击OK按钮，测试集"登录"会被添加到左边
的测试集列表中执行测试主题"手动功能测试"下，如
图10-70所示。

（4）重复步骤（1）～步骤（3），在执行测试主题"手动功
能测试"下添加测试集"注册"，在执行测试主题"自动化功
能测试"下添加测试集"登录"，添加完成后，如图10-71
所示。

图10-69　新建测试集

10.6.3　添加测试用例到测试集合

（1）在图10-71所示的测试集树视图中选择刚刚添加的测试集"注册"。

（2）单击右侧的Execution Grid选项卡。

（3）在该选项卡中单击工具栏上的Select Tests按钮，将会在右边显示测试计划模块中
添加的测试计划树，如图10-72所示。

（4）在图10-72所示的测试计划树视图中搜索特定的测试用例：在Find文本框中输入
所要搜索的测试用例的名称"注册"（或部分名称），并单击Find按钮，TestDirector会依

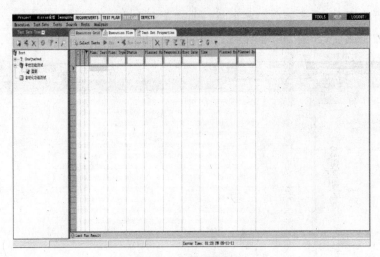

图 10-70 添加测试集

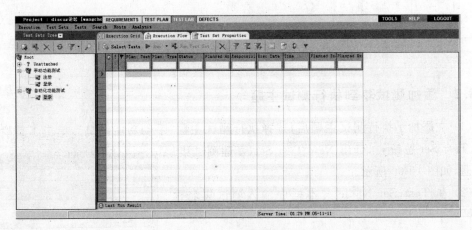

图 10-71 测试集树

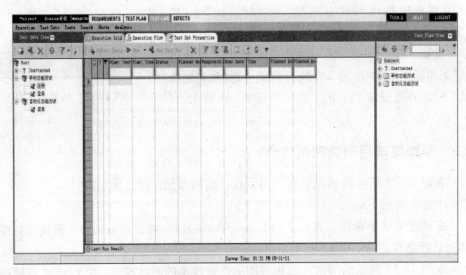

图 10-72 选择测试用例

次查找符合条件的文件夹或测试用例，如果搜索成功，TestDirector 会在树中高亮显示此测试用例，如图 10-73 所示。

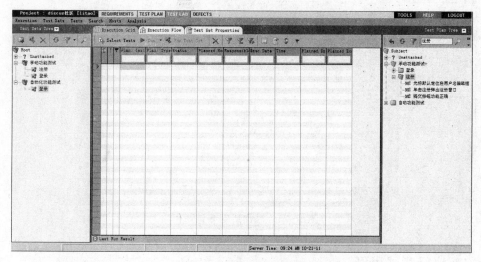

图 10-73　查找测试用例

（5）在测试计划树中选择测试用例"单击注册弹出注册页面"。

（6）单击 Add Tests to Test Set 按钮，该测试用例被添加到执行网格中，如图 10-74 所示。

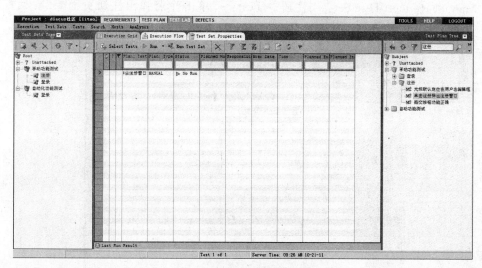

图 10-74　添加测试用例

（7）重复步骤（5）～步骤（6），将测试用例"光标默认定位在用户名编辑框"、"提交按钮功能正确"添加到执行测试主题"手动功能测试"下的测试集"注册"中。

（8）重复步骤（1）～步骤（6），给执行测试主题"手动功能测试"下的测试集"登录"、执行测试主题"自动化功能测试"下的测试集"登录"添加各自的测试用例，添加完成后，如图 10-75 所示。

（9）单击 Close 按钮去隐藏测试计划树。

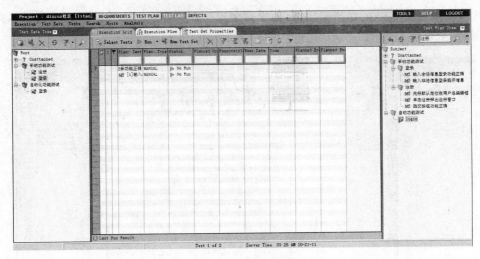

图 10-75　添加所有测试用例

10.6.4　执行测试用例

1. 手工测试

（1）在 TEST LAB 模块中，选择"注册"测试集，单击右侧的 Execution Grids 选项卡，从执行网格中选中"单击注册弹出注册页面"测试用例后，单击 Run 按钮则执行该条用例，弹出"Manual Runner Test Set：＜注册＞Test：＜单击注册弹出注册页面＞"对话框，如图 10-76 所示。

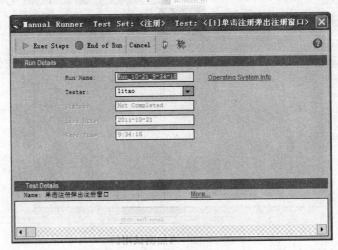

图 10-76　手动执行步骤 1

（2）单击 Exec Steps 按钮，列出该测试用例的所有步骤，如图 10-77 所示。

（3）根据每一步的描述可进行手工测试，并把每一步的实际输出添加到 Actual 一栏中。针对每一步的操作，可以通过工具栏上的 Pass Selected 和 Fail Selected 按钮来定义测试结果的状态。

（4）TestDirector 提供了一种分步骤查看的方式来执行测试。单击工具栏上的

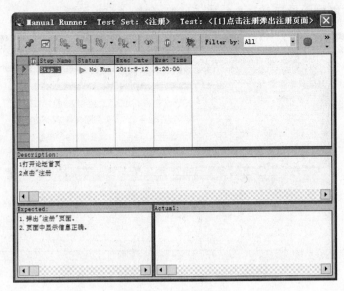

图 10-77　手动执行步骤 2

Compact View 按钮 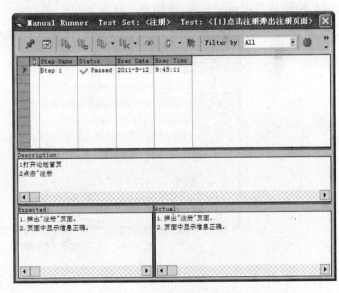，弹出如图 10-78 所示的对话框。

（5）按照用例的描述操作 Discuz!社区网站，发现实际结果和预期结果一致，将预期结果中信息填写到 Actual Result 一栏，并单击 Pass Selected 按钮，该用例状态设置为 Passed。

（6）在图 10-78 所示的对话框中单击 Back to Steps Grid 按钮 ⬅ 回到执行用例步骤对话框，如图 10-79 所示，显示测试用例的步骤和每个步骤的执行结果。

图 10-78　手动执行步骤 3

图 10-79　手动执行步骤 4

（7）在图 10-79 所示的对话框中单击 End of Run 按钮 ⬤ 结束测试用例后，可以在 Execution Grid 选项卡中看到该测试用例的最终执行结果，单击该测试用例后，可以在 Last

Run Result 细节窗口中看到每一步的执行情况，如图 10-80 所示。

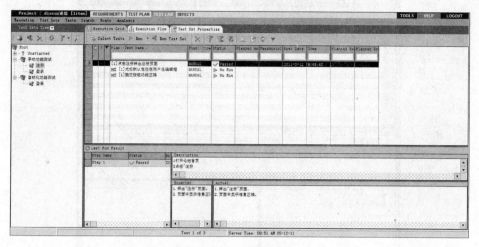

图 10-80 手动执行步骤 5

（8）参考步骤（1）～步骤（7），将测试用例全部执行。

2. 自动化测试

（1）在 TEST LAB 模块的左侧测试集列表中，选择自动化功能测试主题下的"登录"测试集，单击右侧的 Execution Grids 选项卡，从执行网格中选中 login 测试用例，从测试用例的类型列中可以看出，login 测试脚本是采用自动化功能测试工具 Quick Test Professional 录制的，单击 Run 按钮，弹出 Execution of ＜Root\ 自动化功能测试\ 登录＞对话框，如图 10-81 所示。选中 Run All Tests Locally 复选框。选中 Enable Log（启用日志）复选框，将运行中的信息记录到日志，可以查看日志。

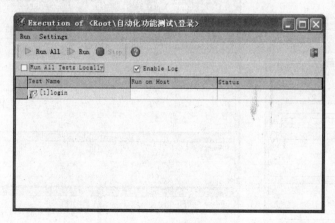

图 10-81 自动化执行步骤 1

（2）单击 Run 或 Run All 按钮，TestDirector 会自动连接并打开功能测试工具 QuickTest Professional，并会自动运行测试脚本，可以从 Status 字段中看到测试用例执行过程的状态变化和最终结果，如图 10-82 所示。

（3）执行完毕后，在图 10-82 中单击 Exit 按钮 退出窗口，在 Execution Grid 选项卡中的 Status 字段中显示了最终的执行结果，如图 10-83 所示。

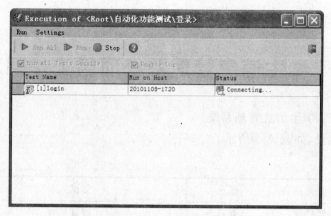

图 10-82　自动化执行步骤 2

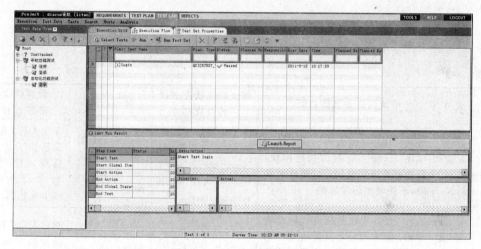

图 10-83　自动化执行步骤 3

（4）单击 Launch Report 按钮，弹出 QuickTest Professional 的执行结果。

10.7　TestDirector 缺陷管理

在测试实验室模块执行用例时，如果程序实际结果和测试用例预期结果不一致，则发现缺陷，将缺陷提交到缺陷模块中。缺陷模块功能使用比较简单，在此不做演示。具体添加缺陷的操作详见第 8 章内容。

附录 A　学生信息管理系统项目工作现状分析

(1) 测试项目：学生信息管理系统。

(2) 项目组成员，如表 A-1 所示。

表　A-1

开发组	开发人员	张三	测试组	测试人员	李四
	开发经理	刘五		测试经理	王六

(3) 缺陷流程流转。

测试人员→开发经理→开发人员←→测试人员→测试经理

(4) 分析项目基本现状要求 1，如表 A-2 所示。

表　A-2

项目	人员	模块内任务具体权限：	修改缺陷状态字段转换规则	数据过滤	设置接收邮件过滤
学籍管理系统	开发人员：张三、刘五	需求模块：只能查看。测试计划模块：只能查看测试执行模块：只能查看缺陷模块：只能修改缺陷，不能增加删除缺陷	开发人员修改缺陷时，状态字段限制：New｜open；New｜rejected；open｜fixed；reopen｜fixed	该组成员只看到缺陷状态为 new、open、reopen	开发人员：接收满足如下条件：只有缺陷状态为 new、open 或 reopen 状态
	测试人员：李四、王六	王六：所有模块的所有权限都有李四：需求模块：只能查看。测试计划模块：只能查看测试执行模块：所有权限都有缺陷模块：增加缺陷，修改缺陷，不能删除缺陷	王六：Rejected-｜new；李四：fixed｜closed	该组成员只看到缺陷状态为 new、rejected、fixed、closed	测试人员：接收满足如下条件：只有缺陷状态为 fixed 和 rejected 状态

(5) 分析项目基本现状要求 2，如表 A-3 所示。

表　A-3

项目	人员	自动发送邮件条件	td 各模块显示的内容
学籍管理系统	开发人员：张三、刘五 测试人员：李四、王六	当提交的缺陷的状态发生变化时，触发邮件发送	缺陷模块：添加缺陷时，增加字段：browser，必填项。browser 列表中：增加列表内容：Internet Explorer 5.0、Internet Explorer 6.0、FireFox、Maxthon、Chrome

附录 B　学生信息管理系统功能测试需求

专业管理测试需求如下。

1. 专业添加(pro_add)

(1) 浏览列表中光标默认定位在第一行。

(2) 单击添加按钮后弹出窗口。

(3) 添加按钮功能正确。

(4) 退出按钮功能正确。

2. 专业修改(pro_mod)pass

(1) 单击修改按钮后弹出专业修改窗口。

(2) 查看专业浏览窗口中修改按钮功能正确(能正确修改信息)。

(3) 修改专业窗口中退出按钮功能正确。

3. 专业删除(pro_del)pass

(1) 删除一行信息时,弹出提示信息。

(2) 删除多行信息时,弹出提示信息。

(3) "删除"按钮功能正确。

(4) "退出"按钮功能正确。

附录 C 学生信息管理系统功能测试用例

手工功能测试用例如下。

1. 专业添加

专业添加如表 C-1 所示。

表 C-1 专业添加

项目/软件	学生管理系统		程序版本		V1.0		
功能名称	专业添加						
测试目的：	教学秘书能为系统进行专业的添加						
预置条件	用 teaching secretary 登录到系统（提前已设置好账户和权限）						
用例编号	相关用例	标题	操作步骤	输入数据	期望结果	执行结果	缺陷报告号
pro_add-001		专业浏览列表中光标默认定位在第一行	1. 单击系统主界面菜单栏中的专业管理 2. 在下拉菜单中选择专业浏览		1. 系统弹出专业浏览窗体。 2. 在专业浏览新窗口中，专业浏览列表中光标默认定位在第一行即第一行被选中应整行高亮显示 3. 窗口中显示文本框为编号和名称，且都可编辑		
pro_add-002		单击添加按钮后弹出专业添加窗口	1. 单击系统主界面菜单栏中的专业管理 2. 在下拉菜单中选择专业浏览 3. 在弹出的专业浏览窗体中，单击右侧的"添加"按钮		1. 系统弹出专业添加窗口 2. 光标定位在 编号对应的文本框中 3. 窗口中显示文本框为编号和名称，且都可编辑		
pro_add-003		添加专业功能正确	1. 单击系统主界面菜单栏中的"专业管理" 2. 在下拉菜单中选择"专业浏览" 3. 在弹出的专业浏览窗体中，单击右侧的"添加"按钮 4. 在弹出的添加专业的窗口中，输入专业相关信息（内容见右侧列），单击确定按钮	名称：管理学 编号：zy001	系统弹出新窗口，新窗口中显示：专业添加成功		

用例编号	相关用例	标题	操 作 步 骤	输入数据	期 望 结 果	执行结果	缺陷报告号
pro_add-004		添加专业退出功能正确	1. 单击系统主界面菜单栏中的专业管理 2. 在下拉菜单中选择专业浏览 3. 在弹出的专业浏览窗体中,单击右侧的"添加"按钮 4. 在弹出的添加专业的窗口中,单击退出按钮		1. 系统关闭添加专业窗体,回到专业浏览窗口中		

2. 专业修改

专为修改如表 C-2 所示。

表 C-2　专业修改

项目/软件	学生管理系统		程序版本		V1.0		
功能名称	专业修改						
测试目的:	教学秘书能为系统进行专业的修改						
预置条件	1. 用 teaching secretary 登录到系统(提前已设置好账户和权限) 2. 系统中已经录入数据如下。 编号 zy001 名称管理学						

用例编号	相关用例	标题	操 作 步 骤	输入数据	期 望 结 果	执行结果	缺陷报告号
Pro_mod_001		单击修改按钮后弹出专业修改窗口	1. 单击系统主界面菜单栏中的专业管理 2. 在下拉菜单中选择专业浏览 3. 在弹出的专业浏览窗体中,在专业浏览列表中,找到名称这一列内容为"管理学"的记录,选中该行记录,单击右侧的"修改"按钮		1. 系统弹出修改专业窗口 2. 窗口中的信息正确 编号内容为 zy001 名称 内容为"管理学"		
Pro_mod-002		修改按钮功能正确	1. 单击系统主界面菜单栏中的专业管理 2. 在下拉菜单中选择专业浏览 3. 在弹出的专业浏览窗体中,在专业浏览列表中,找到名称这一列内容为"管理学"的记录,选中该行记录,单击右侧的"修改"按钮 4. 在弹出的修改专业窗口中,输入专业相关信息(内容见右侧列),单击 确定 按钮	名称:abc 编号:zy001	1. 系统弹出新窗口,新窗口中显示:修改专业成功 2. 回到专业浏览窗口中专业浏览列表中,列表中显示为修改好的数据:编号内容为 zy001 名称内容为 abc		

用例编号	相关用例	标题	操 作 步 骤	输入数据	期望结果	执行结果	缺陷报告号
Pro_mod-003		专业修改窗口退出按钮功能正确	1. 单击系统主界面菜单栏中的专业管理 2. 在下拉菜单中选择专业浏览 3. 在弹出的专业浏览窗体中，单击右侧的"修改"按钮 4. 在弹出的修改专业的窗口中，单击"退出"按钮		1. 系统关闭修改专业窗体 2. 回到专业浏览窗口中		

3. 专业删除

专业删除如表 C-3 所示。

表 C-3 专业删除

项目/软件	学生管理系统	程序版本		V1.0
功能名称	专业删除			
测试目的：	教学秘书能为系统进行专业的删除			
预置条件	1. 用 teaching secretary 登录到系统（提前已设置好账户和权限） 2. 系统中专业浏览列表中存在以下数据： 编号 zy001 名称 abc 编号 zy002 名称 Software Testing			

用例编号	相关用例	标题	操 作 步 骤	输入数据	期望结果	执行结果	缺陷报告号
pro_del-001		删除一行信息有提示信息	1. 单击系统主界面菜单栏中的专业管理 2. 在下拉菜单中选择专业浏览 3. 在弹出的专业浏览窗体中，在专业浏览列表中，找到名称这一列内容为 abc 的记录，选中该行记录，单击右侧的"删除"按钮		系统弹出新窗口，新窗口中显示：是否要删除该数据？让用户确认是否真的要删除		
pro_del-002		提示信息选择否，不删除一行数据	1. 单击系统主界面菜单栏中的专业管理 2. 在下拉菜单中选择专业浏览 3. 在弹出的专业浏览窗体中，在专业浏览列表中，找到名称这一列内容为"管理学"的记录，选中该行记录，单击右侧的"删除"按钮 4. 在系统弹出的"是否要删除该数据？"的提示消息中，选择否		专业浏览窗口中的专业浏览列表中还显示该数据，该数据不会删除 编号 zy001 名称 abc		

用例编号	相关用例	标题	操作步骤	输入数据	期望结果	执行结果	缺陷报告号
pro_del-003		提示信息选择是，删除一行数据	1. 单击系统主界面菜单栏中的专业管理 2. 在下拉菜单中选择专业浏览 3. 在弹出的专业浏览窗体中，在专业浏览列表中，找到名称 这一列内容为 abc 的记录，选中该行记录，单击右侧的"删除"按钮 4. 在系统弹出的"是否要删除该数据?"的提示消息中，选择是		1. 系统弹出新窗口，新窗口中显示：删除数据成功 2. 专业浏览窗口中的专业浏览列表中删掉该数据即看不到该行数据 编号 zy001 名称 abc		
pro_del -004		删除多行信息功能正确，有提示信息	1. 单击系统主界面菜单栏中的专业管理 2. 在下拉菜单中选择专业浏览 3. 在弹出的专业浏览窗体中，在专业浏览列表中，找到名称 这一列内容为 abc、Software Testing 的两条记录，选中这两行记录，单击右侧的"删除"按钮		系统弹出新窗口，新窗口中显示：是否要删除这些数据? 让用户确认是否真的要删除		
pro_del-005		提示信息选择否，不删除多行数据	1. 单击系统主界面菜单栏中的专业管理 2. 在下拉菜单中选择专业浏览 3. 在弹出的专业浏览窗体中，在专业浏览列表中，找到名称 这一列内容为 abc、Software Testing 的两条记录，选中这两行记录，单击右侧的"删除"按钮 4. 在系统弹出的"是否要删除该数据?"的提示消息中，选择否		专业浏览窗口中的专业浏览列表中还显示该数据，这些数据不会删除 编号 zy001 名称 abc 编号 zy002 名称 Software Testing		
pro_del-006		提示信息选择是，删除多行数据	1. 单击系统主界面菜单栏中的专业管理 2. 在下拉菜单中选择专业浏览 3. 在弹出的专业浏览窗体中，在专业浏览列表中，找到名称 这一列内容为 abc、Software Testing 的两条记录，选中这两行记录，单击右侧的"删除"按钮 4. 在系统弹出的"是否要删除该数据?"的提示消息中，选择是		1. 系统弹出新窗口，新窗口中显示：删除数据成功 2. 专业浏览窗口中的专业浏览列表中删掉该数据即看不到该行数据 编号 zy001 名称 abc 编号 zy002 名称 Software Testing		
pro_del-007		专业浏览窗口中退出按钮功能正确	1. 单击系统主界面菜单栏中的专业管理 2. 在下拉菜单中选择专业浏览 3. 在弹出的专业浏览窗体中，单击右侧的"退出"按钮		系统关闭专业浏览窗体		

附录 D　Discuz!项目工作现状分析

（1）项目名称：Discuz!社区。

（2）项目组成员角色，如表 D-1 所示。

表 D-1　项目组成员角色

开发组	开发人员	张强	测试组	测试人员	李涛
	开发经理	刘延		测试经理	王冲

（3）公司中的缺陷流转流程：

测试人员→开发经理→开发人员←→测试人员→测试经理

（4）缺陷流转中各个角色对应缺陷状态，如图 D-1 所示。

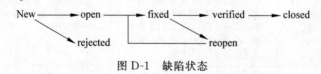

图 D-1　缺陷状态

（5）分析项目基本现状要求 1，如表 D-2 所示。

表　D-2

项目	人员	使用模块及模块内具体权限:	数据过滤	修改缺陷状态字段转换规则	设置接收邮件过滤
Discuz 社区	开发人员:张强、刘延	只能看到缺陷模块,其他模块不显示缺陷模块:只能修改缺陷,不能增加删除缺陷	开发经理:看到缺陷状态为 new 的数据开发人员:看到缺陷状态为 open、reopen 的数据	刘延修改缺陷时,状态字段限制:New|open;New|rejected张强修改缺陷时,状态字段限制:open|fixed;reopen|fixed	开发人员:接收满足如下条件:只有缺陷状态为 new、open 或 reopen 状态的数据测试人员:李涛:接收满足如下条件:只有缺陷状态为 fixed 状态的数据王冲:接收满足如下条件:只有缺陷状态为 rejected 状态的数据
	测试人员:李涛、王冲	王冲:所有模块的所有权限都有李涛:需求模块:只能查看测试计划模块:只能查看测试执行模块:所有权限都有缺陷模块:增加缺陷,修改缺陷,不能删除缺陷	测试人员看到缺陷状态为 fixed测试经理看到缺陷状态为 new、rejected、verified、closed	王冲:verified|closed;rejected|closed;rejected|new李涛:fixed|verified;fixed|reopen	

（6）分析项目基本现状要求 2，如表 D-3 所示。

表　D-3

项　目	人　员	自动发送邮件条件	td 各模块显示的字段内容	跟　踪　规　则
Discuz 社区	开发人员：张强、刘延　测试人员：李涛、王冲	只有当提交的缺陷状态、严重程度、优先级发生变化时，触发邮件发送	测试计划模块：添加测试用例时，添加一个［优先级 Priority］字段，该字段值为下拉列表形式，值为：高 High、中 Middle、低 Low 缺陷模块： • 添加缺陷时，增加字段：Build(1.0、2.0、3.0) • 缺陷状态列表中： • 增加列表内容：verified(已验证)状态	• 需求发生变化时，标志出受影响的测试用例 • 缺陷状态变为 fixed，标志出测试用例 • 不用发送邮件

（7）测试策略。

① 功能测试。

② 自动化功能测试。

③ 登录。

附录 E Discuz!社区功能测试需求

1. 手动功能测试需求

（1）注册。

① 单击注册弹出注册页面。

② 光标默认定位在用户名编辑框。

③ 提交按钮功能正确。

（2）登录。

① 输入合法信息登录功能正确。

② 输入非法信息登录提示信息。

2. 自动功能测试

登录。

附录 F   Discuz!社区功能测试用例

手工功能测试用例如下。

1. 注册

注册如表 F-1 所示。

表 F-1

项目/软件	Discus 论坛		程序版本			X1.5		
功能名称	注册模块							
测试目的:								
预置条件								
用例编号	相关用例	标　题	操 作 步 骤		输入数据	期 望 结 果	执行结果	缺陷报告号
Register_001		单击注册弹出注册窗口	1. 打开论坛首页 2. 单击"注册"			弹出"注册"页面。页面中显示信息正确。		
Register_002		光标默认定位在用户名编辑框	1. 打开论坛首页 2. 单击"注册"			光标默认定位在用户名编辑框。		
Register_003		提交按钮功能正确	1. 在弹出的注册信息页面填写正确注册信息 　用户名：abc　密码：123 　邮箱：abc@sohu.com 2. 单击"提交"按钮			提示"注册成功"并登录到论坛中。		

2. 登录

登录如表 F-2 所示。

表　F-2

项目/软件	Discus 论坛	程序版本	X1.5
功能名称	登录		
测试目的:			
预置条件	已注册 abc 账户		
异常情况			

用例编号	相关用例	标题	操作步骤	输入数据	期望结果	执行结果	缺陷报告号
Login_001		输入合法信息登录功能正确	1. 打开论坛首页 2. 用户名输入 abc 3. 密码输入 123 4. 邮箱：abc@sohu.com 5. 单击登录		成功登录到论坛		
Login_002		内容为空登录提示信息	1. 打开论坛首页 2. 用户名为空 3. 密码为空 4. 单击登录		提示信息"请输入用户名、密码"		
Login_003		密码错误登录提示信息	1. 打开论坛首页 2. 用户名为 abc 3. 密码为空 4. 单击登录		提示信息"请输入正确密码"		
Login_004		用户名错误登录提示信息	1. 打开论坛首页 2. 用户名为空 3. 密码为 133 4. 单击登录		提示信息"请输入正确用户名"		